水利水电建筑工程高水平专业群工作手册式系列教材



# 水利工程投标文件编制实训

主　编　韩晓育
主　审　王飞寒

中国水利水电出版社
www.waterpub.com.cn
·北京·

## 内 容 提 要

本书是为适应国家高等职业技术教育的发展而编写的，共分为两大部分：工作须知和工作项目。内容以完成实际工程项目为目标，过程按照水利工程投标文件的编制程序、方法、内容和步骤展开。工作项目分为 4 个工作任务，即解读招标文件、施工组织设计、编制投标报价以及汇编投标文件等。

本书可作为高职高专院校和成人高校水利水电建筑工程、水利水电工程造价与管理、水利工程、水利工程施工以及其他相近专业的教材和教学参考书，也可供水利类专业教师和水利水电工程行业从事施工、设计、监理、造价咨询等的工程技术人员参考。

**图书在版编目（CIP）数据**

水利工程投标文件编制实训 / 韩晓育主编. -- 北京：中国水利水电出版社，2022.5
水利水电建筑工程高水平专业群工作手册式系列教材
ISBN 978-7-5226-0817-4

Ⅰ. ①水… Ⅱ. ①韩… Ⅲ. ①水利工程－投标－文件－编制－高等职业教育－教材 Ⅳ. ①TV512

中国版本图书馆CIP数据核字(2022)第114663号

| | |
|---|---|
| 书　　名 | 水利水电建筑工程高水平专业群工作手册式系列教材<br>**水利工程投标文件编制实训**<br>SHUILI GONGCHENG TOUBIAO WENJIAN BIANZHI SHIXUN |
| 作　　者 | 主编　韩晓育　主审　王飞寒 |
| 出版发行 | 中国水利水电出版社<br>（北京市海淀区玉渊潭南路 1 号 D 座　100038）<br>网址：www. waterpub. com. cn<br>E - mail：sales@mwr. gov. cn<br>电话：（010）68545888（营销中心） |
| 经　　售 | 北京科水图书销售有限公司<br>电话：（010）68545874、63202643<br>全国各地新华书店和相关出版物销售网点 |
| 排　　版 | 中国水利水电出版社微机排版中心 |
| 印　　刷 | 天津嘉恒印务有限公司 |
| 规　　格 | 184mm×260mm　16 开本　5.5 印张　134 千字 |
| 版　　次 | 2022 年 5 月第 1 版　2022 年 5 月第 1 次印刷 |
| 印　　数 | 0001—2000 册 |
| 定　　价 | **23.00** 元 |

# 前言

本书是按照国家对高等职业院校人才培养的要求，依据最新水利工程造价与招投标课程教学大纲编制的与水利工程造价与招投标理论课程对应的实训教学用书。本书依据《水利工程工程量清单计价规范》(GB 50501—2007)、《水利水电工程设计工程量计算规定》(SL 328—2005)、《水利工程建设项目招标投标管理规定》(水利部第 14 号令)、《水利水电工程施工合同和招标文件示范文本》(GF—2000—0208)、2014 年水利部颁布的《水利工程设计概（估）算编制规定》、最新的《水利建筑工程概算定额》（上、下册）、《水利建筑工程预算定额》（上、下册）、《水利工程施工机械台时费定额》、《水利水电设备安装工程预算定额》、《水利工程概预算补充定额》，以及 2016 年水利部办公厅印发的《水利工程营业税改征增值税计价依据调整办法》编写，使得内容更加科学合理。

全书以“工作任务”的形式展开，系统地阐述了工程招投标的程序、招标文件的解读以及投标文件的编写方法和步骤，以实际案例作为工作任务，让学生“学中做、做中学”，实现与未来造价员工作岗位零对接。

在本书编写过程中，编者团队先后走访多家施工、监理、设计、造价咨询公司等，吸纳了多位一线企业专家的意见和建议，对造价员工程岗位所需的知识与技能进行了准确定位，集中了学校与企业优势，体现工学结合。

本书力求突出职业能力培养，将知识体系和技能培养体系高度融合、适应“教、学、练、做”一体化教学需要。以实际工程案例为载体，以项目为导向，以任务为驱动，实行项目化组织方式，展现现行行业规范要求，每个任务力求实现完整的工作过程，设计步骤详细，适合学生自学。

本书由黄河水利职业技术学院韩晓育担任主编，黄河水利职业技术学院王飞寒教授担任主审。

由于编者水平所限，书中难免有不妥之处，恳请读者批评指正。

**编者**

2022 年 3 月

# 目　录

# 第一部分　工作须知

## 1　课程性质

水利工程投标文件编制是水利工程造价类课程的重要组成部分，通过本课程的学习，可以提高学生编制造价文件的能力，使学生了解、熟悉、掌握水利工程造价与招投标的基本知识，具有编制水利工程招投标文件的能力，会从事水利工程招投标活动，提升学生的专业基本技能水平，增强学生分析问题、解决问题的能力，培养学生职业道德。

水利工程投标文件编制是工程造价（水利工程造价方向）、工程监理（水利工程监理方向）专业的必修实践课程，是水利工程造价与招投标课程的重要实践环节，课程主要针对造价咨询、招投标代理、工程项目管理等岗位开设。通过本课程教学使学生全面认识建设工程招投标程序、招投标原则与合同制订的相关知识，熟悉水利工程招标文件、投标文件和施工合同的内容，具有参与水利工程招投标、编写招投标文件及签订建设工程施工合同的初步能力。本课程是配合水利工程造价与招投标开设的实践课程。前导课程有水利水电工程施工技术、水利工程造价与招投标、水利工程工程量清单计价等，关联课程有水工建筑材料、水利工程施工组织与管理，后续课程有岗位实习和毕业设计等。

## 2　课程目标

### 2.1　总体目标

水利工程投标文件编制课程以培养水利工程造价编制人员为目标，该课程引入了水利行业现行规范、标准，以及《水利工程营业税改征增值税计价依据调整办法》（办水总〔2016〕132号）、《水利工程概（估）算编制规定》等。通过本课程的学习，学生在完成项目任务的过程中可培养整合招投标知识点的技能，以及综合应用所学知识和技能解决实际工作中问题的能力，并为将来走上工作岗位打下基础。

### 2.2　分类目标

根据课程面对的工作任务和职业能力要求，本课程的教学目标如下。

1. 知识目标

（1）掌握水利工程招标文件的程序及构成。

（2）掌握水利工程施工投标文件的程序、构成及编制方法。

（3）工程量清单计价方法。

2. 能力目标

（1）能根据水利工程招投标的具体要求编写水利工程招标文件。

（2）能根据水利工程招投标的具体要求编写水利工程投标文件。

## 5　进程安排

本项目实训任务时间共计2周。具体课程进程设计见表1.3。

**表1.3　　课程进程设计**

| 序号 | 工作任务 | 参考课时/天 |
|---|---|---|
| 1 | 解读招标文件 | 0.5 |
| 2 | 施工组织设计 | 2 |
| 3 | 编制投标报价 | 2 |
| 4 | 汇编投标文件 | 5.5 |

## 6　成果要求

（1）每位学生必须参加课程综合实训各个环节训练，不得弄虚作假或抄袭他人成果。

（2）课程综合实训期间应严格遵守《学生管理规定》中的有关条款，请假应由有关部门批准，指导教师确认后方可离开，学生无故离岗按旷课处理。

（3）每个学生应独立完成，对抄袭、代做等行为除严肃批评外，该设计以不及格论。

（4）设计结束后，学生应提交投标文件一份，要求誊写在标准的设计专用纸张上，字体工整、内容详细、表格条理清楚、排列有序。

## 7　考核评价

本课程改革传统重结果轻过程的考核方式，将过程性评价与结果性评价相结合，重点考查学生综合应用能力。其中过程性评价成绩占课程总成绩的60%，结果性评价成绩占课程总成绩的40%。

过程性评价具体包括学生出勤、实践过程及态度、实践任务完成情况、团结协作的能力等指标，见表1.4。结果性评价根据最终学生提交的“投标文件报告”给定成绩。课程考核与评价应从两个方面进行，汇总得出课程整体成绩，过程性评价或结果性评价不合格者，则该课程考核不合格。

**表1.4　　过程性考核与评价**

| 考核项目及评分比例 | | 考核标准 | 考核方法 |
|---|---|---|---|
| 过程考核（60%） | 实训出勤（30%） | 上午2次，下午1次，2周集中实训，共30次考勤。按百分制计考勤总分，评分标准如下。<br>全勤：30分。<br>旷课：−1分/次。<br>迟到或早退：−0.5分/次。<br>请假：1天以内不扣分，超过1天−0.5分/次 | 每次实训进行考勤 |
| | 实践考核（70%） | 依据个人实践任务完成情况，由教师评定，按百分制计任务考核总分。得分标准如下。<br>个人实践任务：每个任务对应一项实训评价分值。<br>总分为各任务所得分值加总后乘70% | 根据实践任务完成情况评分 |

## 8　参考资源

（1）学习资料：包括教材、习题集、实训指导书、学习参考书、行业定额及标准等。

（2）信息化教学：包括微课视频、多媒体课件、网络课程、工程图片、电子图书等。

（3）本课程引入了以下行业定额及标准：

《水利工程营业税改征增值税计价依据调整办法》（办水总〔2016〕132号）。

《水利工程设计概（估）算编制规定》（水总〔2014〕429号）。

《水利建筑工程概算定额》[2002年版（上、下册）]。

《水利建筑工程预算定额》[2002年版（上、下册）]。

《水利工程施工机械台时费定额》（2002年版）。

《水利工程概预算补充定额》（2010年版）。

《水利水电设备安装工程概算定额》（2002年版）。

《水利水电设备安装工程预算定额》（2002年版）。

《水利工程工程量清单计价规范》（GB 50501—2007）。

《水利水电工程设计工程量计算规定》（SL 328—2005）。

《水利工程建设项目招标投标管理规定》（水利部令第14号）。

《水利水电工程施工合同和招标文件示范文本》（GF—2000—0208）。

# 第二部分　工作项目

## 工作任务1：解 读 招 标 文 件

### 1　工作任务

熟悉本工程的招标文件，并搜集相关资料。

### 2　工作目标

掌握招标文件中工程基本概况、招标文件的内容构成、投标的要求，调查了解与投标相关的资料。

### 3　任务分组

按照学号顺序每6～8名学生为一个小组，每小组设组长一名，每个小组的设计任务要求组内成员保质保量完成。小组成员互相讨论设计方案，培养团队协作能力，小组间不得互相抄袭。

### 4　引导问题

（1）招标文件的主要内容及解读。

（2）招投标程序。

（3）投标文件格式要求。

（4）无效标和废标的情况。

（5）投标人纪律要求。

### 5　工作计划

首先给定学生某水利工程的招标文件，采取分组讨论的形式，让学生熟悉招标文件要求、工程概况等信息，分组解决以上问题。

### 6　进度决策

重点掌握招标文件中“四卷八章”内容。

### 7　工作实施

课程教学以模拟实际工程项目的招投标过程的方式进行，课程的教学过程贴合工作实

际，课程进行前学生熟悉水利工程招投标文件的相关规定。

本课程在教师指导下以小组协作方式进行，注重对学生查阅有关资料和独立解决问题的能力的培养。

## 8 评价反馈

掌握招投标文件要求，熟悉工程概况，对招标文件中的相关内容进行考核，以智慧课堂为载体，让学生完成相关问题并统计。

## 9 相关知识点

（1）熟悉给定的招标文件，包括自然条件、合同条件、施工图、工程概况、投标人须知、投标文件格式要求等，明确本次设计的任务。

（2）详细解读设计图纸，考察工程现场（有条件情况下开展），对工程周围环境、临时场地的布置、进出场地的道路、水电的供应能力、供应位置及接口，尤其是现场的风浪、水流等情况和所在地政府有关方针政策做全面的了解。

（3）了解设计的内容，查找并借阅相应的资料。

以下实际工程以河南省×××水利枢纽工程招标文件为例，摘选部分招标文件内容，供学生学习。

### 河南省×××水利枢纽工程招标文件

### 河南省×××水利枢纽工程

# 招 标 文 件

合同编号：HNSL－2022－×××

招　标　人：×××

设　计　人：×××

招标代理人：×××

日　　　期：二〇二二年三月

# 第 一 卷

## 第一章 招 标 公 告

### 河南省×××水利枢纽工程
### 招标公告

**1 招标条件**

本招标项目为河南省×××水利枢纽工程，已由×××水利局批准建设，招标人为河南省×××建设管理处，建设资金为财政资金，项目出资比例为100%。项目已具备招标条件，现对该项目的施工进行公开招标。

**2 项目概况与招标范围**

2.1 项目编号：HNSL-2022-×××

2.2 建设地点：河南省××市。

2.3 项目概况：河南省×××水利枢纽工程位于河南省××市外70km处，属淮河流域，控制流域面积10km$^2$，河道平均比降0.019，设计防洪标准为50年一遇，校核标准为200年一遇，是一座以防洪、供水为主，兼顾灌溉、发电等综合利用的小型水利枢纽工程。

2.4 标段划分：本项目施工划分为1个标段。

2.5 招标范围：招标内容为大坝基础开挖及处理、大坝填筑、混凝土板护坡工程、防渗墙、溢洪道、输水洞等。主要工程量为土石方开挖6.58万m$^3$，坝体土石方填筑22.36万m$^3$，混凝土6259m$^3$，砌体工程576m$^3$，模板698m$^2$，钢筋制安125t。

2.6 投标工期：70日历天。

2.7 本项目实行资格后审，投标单位应对资料的真实性、合规性负责。

**3 投标人资格要求**

3.1 资质条件：具备水利水电工程施工总承包贰级及以上资质，并且安全生产许可证在有效期内，并在人员、设备、资金等方面具有相应的施工能力。

3.2 信誉要求：依据《关于在招标投标活动中对失信被执行人实施联合惩戒的通知》（法〔2016〕285号）要求，投标人应通过“信用中国”网站（www.creditchina.gov.cn），查询未被列入失信被执行人、重大税收违法案件当事人名单的网页截图（凡被列入的，一经查实随时取消其投标、中标资格）。

3.3 项目经理资格：应具备水利水电专业一级建造师资格、大型水利水电工程项目经理3年以上岗位任职经历；技术负责人应具备相关专业高级工程师以上技术职称、3年以上相关专业技术管理经历；项目经理和专职安全员应取得省部级以上安全生产考核合格证，且不得担任其他在施建设工程项目的项目经理。

3.4　投标人须具有独立法人资格，持有有效的企业法人营业执照、税务登记证、组织机构代码证（或三证合一营业执照）。

3.5　其他要求：拟任技术负责人应具有水利专业中级及以上技术职称；企业主要负责人、项目经理及专职安全员应取得水行政主管部门核发的安全生产考核合格证。

**4　招标文件的获取**

4.1　凡有意参加投标者，必须派代表持单位介绍信、身份证原件、营业执照副本原件、企业资质等级证书副本原件、企业安全生产许可证原件、ISO 9000质量管理体系证书原件，拟任项目经理注册建造师证书及安全生产考核合格证书原件、技术负责人技术职称资格证书原件、专职安全员安全生产考核合格证书原件，于2022年4月13—17日（8：30—12：00，14：00—17：00）到×××公司购买招标文件，同时提交上述各类原件的复印件，复印件应按上述顺序装订成册，每页均须加盖单位公章。原件经核对后随即退还，复印件供资格后审时核查。

在招标人负责建设管理的项目中，中标后更换过或在建工程的项目经理、技术负责人，不得拟任本合同的项目经理、技术负责人。投标文件中拟任本合同的项目经理、技术负责人和专职安全员应与购买招标文件时提交相关证明原件的人员一致。

4.2　招标文件每套售价陆仟元（￥6000元），现金支付，售后不退。

**5　现场踏勘**

招标代理机构将于2022年3月20日8：30在××市××区××路××号组织潜在投标人进行现场查勘，自愿参加。

**6　投标文件的递交**

投标文件递交的截止时间（投标截止时间）为2022年5月20日10：00，地点：××市××区××路××号主楼三层投标文件接收处。

逾期送达的投标文件，招标人不予受理。

**7　发布公告的媒介**

本次招标公告同时在中国招标投标公共服务平台、河南省政府采购网和全国公共资源交易平台上发布。

**8　联系方式**

8.1　招标人信息

名称：河南省×××水利枢纽工程建设管理处

地址：

联系人：

联系方式：

8.2　采购代理机构信息

名称：

地址：

联系人：

联系方式：

8.3　项目联系方式

续表

| 条款号 | 条 款 名 称 | 编 列 内 容 |
| --- | --- | --- |
| 10 | 需要补充的其他内容 | |
| 10.1 | 词语定义 | |
| 10.1.1 | 类似项目 | 类似项目是指：水利水电工程（含防渗墙） |
| 10.1.2 | 不良行为记录 | 不良行为记录是指：建筑市场各方主体在工程建设过程中违反有关工程建设的法律、法规、规章或强制性标准和执业行为规范，经县级以上建设行政主管部门或其委托的执法监督机构查实和行政处罚，形成的不良行为记录，且在行政处罚期内。 |
| 10.2 | 招标控制价 | ☑ 设招标控制价，招标控制价为：3687600.98 元 |
| 10.5 | 中标公示 | 在中标通知书发出前，招标人将中标候选人的情况在本招标项目招标公告发布的同一媒介予以公示，公示期不少于 3 日 |
| 10.6 | 知识产权 | 构成本招标文件各个组成部分的文件，未经招标人同意，投标人不得擅自复印和用于非本招标项目所需的其他目的。招标人全部或者部分使用未中标人投标文件中的技术成果或技术方案时，需征得其书面同意，并不得擅自复印或提供给第三人 |
| 10.7 | 重新招标的其他情形 | 除投标人须知正文第 8 条规定的情形外，除非已经产生中标候选人，在投标有效期内同意延长投标有效期的投标人少于三个的，招标人应当依法重新招标 |
| 10.8 | 同义词语 | 构成招标文件组成部分的“通用合同条款”“专用合同条款”“技术标准和要求”和“工程量清单”等章节中出现的措辞“发包人”和“承包人”，在招标投标阶段应当分别按“招标人”和“投标人”进行理解 |
| 10.9 | 监督 | 本项目的招标投标活动及其相关当事人应当接受有管辖权的行政监督部门依法实施的监督。<br>监督部门：<br>联系方式： |
| 10.10 | 招标代理服务费 | 参照原国家计委计价格〔2002〕1980 号文件以及国家发展和改革委发改价格〔2011〕534 号文件附表费率 |
| 10.11 | 解释权 | 构成本招标文件的各个组成文件应互为解释，互为说明；如有不明确或不一致，构成合同文件组成内容的，以合同文件约定内容为准，且以专用合同条款约定的合同文件优先顺序解释；除招标文件中有特别规定外，仅适用于招标投标阶段的规定，按招标公告（投标邀请书）、投标人须知、评标办法、投标文件格式的先后顺序解释；同一组成文件中就同一事项的规定或约定不一致的，以编排顺序在后者为准；同一组成文件不同版本之间有不一致的，以形成时间在后者为准。按本款前述规定仍不能形成结论的，由招标人负责解释 |
| 10.12 | 异议 | 投标人或者其他利害关系人对招标文件有异议的，应当在投标截止时间 10 日前提出。招标人应当自收到异议之日起 3 日内作出答复；作出答复前，应当暂停招标投标活动。<br>投标人对开标有异议的，应当在开标现场提出，招标人应当当场作出答复，并制作记录。<br>投标人或者其他利害关系人对依法必须进行招标的项目的评标结果有异议的，应当在中标候选人公示期间提出。招标人应当自收到异议之日起 3 日内作出答复；作出答复前，应当暂停招标投标活动。<br>联系人：××× 联系方式：××× |
| 10.13 | 招标人补充的其他内容 | |

3.4　投标人须具有独立法人资格，持有有效的企业法人营业执照、税务登记证、组织机构代码证（或三证合一营业执照）。

3.5　其他要求：拟任技术负责人应具有水利专业中级及以上技术职称；企业主要负责人、项目经理及专职安全员应取得水行政主管部门核发的安全生产考核合格证。

**4　招标文件的获取**

4.1　凡有意参加投标者，必须派代表持单位介绍信、身份证原件、营业执照副本原件、企业资质等级证书副本原件、企业安全生产许可证原件、ISO 9000质量管理体系证书原件，拟任项目经理注册建造师证书及安全生产考核合格证书原件、技术负责人技术职称资格证书原件、专职安全员安全生产考核合格证书原件，于2022年4月13—17日（8：30—12：00，14：00—17：00）到×××公司购买招标文件，同时提交上述各类原件的复印件，复印件应按上述顺序装订成册，每页均须加盖单位公章。原件经核对后随即退还，复印件供资格后审时核查。

在招标人负责建设管理的项目中，中标后更换过或在建工程的项目经理、技术负责人，不得拟任本合同的项目经理、技术负责人。投标文件中拟任本合同的项目经理、技术负责人和专职安全员应与购买招标文件时提交相关证明原件的人员一致。

4.2　招标文件每套售价陆仟元（￥6000元），现金支付，售后不退。

**5　现场踏勘**

招标代理机构将于2022年3月20日8：30在××市××区××路××号组织潜在投标人进行现场查勘，自愿参加。

**6　投标文件的递交**

投标文件递交的截止时间（投标截止时间）为2022年5月20日10：00，地点：××市××区××路××号主楼三层投标文件接收处。

逾期送达的投标文件，招标人不予受理。

**7　发布公告的媒介**

本次招标公告同时在中国招标投标公共服务平台、河南省政府采购网和全国公共资源交易平台上发布。

**8　联系方式**

8.1　招标人信息

名称：河南省×××水利枢纽工程建设管理处

地址：

联系人：

联系方式：

8.2　采购代理机构信息

名称：

地址：

联系人：

联系方式：

8.3　项目联系方式

项目联系人：
联系方式：
监督部门：
监督电话：

# 第二章　投 标 人 须 知

投标人须知前附表。

| 条款号 | 条 款 名 称 | 编　列　内　容 |
|---|---|---|
| 1.1.2 | 招标人 | 名称：河南省×××水利枢纽工程建设管理处<br>地址：<br>联系人：<br>联系方式： |
| 1.1.3 | 招标代理机构 | 名称：<br>地址：××市××区××路××号<br>联系人：<br>联系方式： |
| 1.1.4 | 项目名称 | 河南省×××水利枢纽工程 |
| 1.1.5 | 建设地点 | ×× |
| 1.2.1 | 资金来源 | 财政资金 |
| 1.2.2 | 出资比例 | 100％ |
| 1.2.3 | 资金落实情况 | 已落实 |
| 1.3.1 | 招标范围 | 该项目图纸及工程量清单及相关说明全部内容 |
| 1.3.2 | 计划工期 | 工期：70 日历天 |
| 1.3.3 | 质量要求 | 质量标准：合格 |
| 1.3.4 | 资格审查方式 | ☑ 资格预审　□资格后审 |
| 1.4.1 | 投标人资质条件、能力和信誉 | 1. 资质条件：具备水利水电工程施工总承包贰级及以上资质，并且安全生产许可证在有效期内，并在人员、设备、资金等方面具有相应的施工能力。<br>2. 信誉要求：依据《关于在招标投标活动中对失信被执行人实施联合惩戒的通知》（法〔2016〕285 号）要求，投标人应通过“信用中国”网站（www.creditchina.gov.cn），查询未被列入失信被执行人、重大税收违法案件当事人名单的网页截图（凡被列入的，一经查实随时取消其投标、中标资格）。<br>3. 项目经理资格：具备水利水电工程专业一级及以上注册建造师执业资格，具备有效的安全生产考核合格证书，且不得担任其他在施建设工程项目的项目经理。<br>4. 投标人须具有独立法人资格，持有有效的企业法人营业执照、税务登记证、组织机构代码证（或三证合一营业执照）。<br>5. 其他要求：拟任技术负责人应具有水利专业中级及以上技术职称；企业主要负责人、项目经理及专职安全员应取得水行政主管部门核发的安全生产考核合格证 |
| 1.4.2 | 是否接受联合体投标 | ☑ 不接受<br>□ 接受 |

续表

| 条款号 | 条 款 名 称 | 编 列 内 容 |
|---|---|---|
| 1.4.3 | 踏勘现场 | □不组织<br>☑ 组织，踏勘时间和集中地点：2022 年 5 月 20 日 8：30 在××市××区××路××号组织潜在投标人进行现场查勘 |
| 1.5 | 分包 | ☑ 不允许<br>□允许 |
| 1.6 | 偏离 | 不允许 |
| 2.1 | 构成招标文件的其他材料 | 根据本章第 2.2 款和第 2.3 款对招标文件所作的澄清、修改，构成招标文件的组成部分 |
| 2.2.1 | 投标人提出问题的截止时间 | 提交投标文件截止时间 10 日前 |
| 2.2.2 | 投标截止时间 | 2022 年 5 月 20 日上午 10 时 00 分（北京时间） |
| 2.3 | 招标人澄清的时间 | 提交投标文件截止时间 15 日前 |
| 3.3.1 | 投标有效期 | 60 天 |
| 3.4.1 | 投标保证金 | 1. 投标保证金的金额：叁仟元整（大写）￥ 3000 元（小写）<br>2. 本招标项目投标保证金交纳方式：转账或电子投标保函 |
| 3.5.1 | 近年财务状况的年份要求 | 3 年，指 2017 年 12 月 31 日至 2020 年 12 月 30 日止（成立年份不足的，从成立之日起开始计算） |
| 3.5.1 | 近年完成的类似项目的年份要求 | 5 年，指 2017 年 1 月 1 日至今 |
| 3.6 | 是否允许递交备选投标方案 | 不允许 |
| 3.7 | 签字和盖章要求 | 签字和盖章的要求应符合投标文件格式相应要求 |
| 3.8 | 投标文件份数 | 正本 1 份，副本 4 份 |
| 4.2 | 投标文件的递交 | 投标文件递交的截止时间（投标截止时间）2022 年 5 月 20 日 10：00，地点：××市××区××路××号主楼三层投标文件接收处 |
| 5.1 | 开标时间和地点 | 开标时间：同投标截止时间<br>开标地点：××市市民之家五楼开标一厅 |
| 6.1.1 | 评标委员会的组建 | 评标委员会构成：业主评委 1 人，评标专家 4 人。<br>评标专家确定方式：从河南省综合评标专家库中以随机抽取的方式确定。<br>□其他：/ |
| 6.3 | 本次评标采用的评标方法 | 综合评估法 |
| 6.3 | 评标方式 | 现场评标 |
| 7.1 | 是否授权评标委员会确定中标人 | 否，推荐的中标候选人数：3 |
| 7.3.1 | 履约担保 | 履约担保的形式：/<br>履约担保的金额：/ |

续表

| 条款号 | 条款名称 | 编列内容 |
| --- | --- | --- |
| 10 | 需要补充的其他内容 | |
| 10.1 | 词语定义 | |
| 10.1.1 | 类似项目 | 类似项目是指：水利水电工程（含防渗墙） |
| 10.1.2 | 不良行为记录 | 不良行为记录是指：建筑市场各方主体在工程建设过程中违反有关工程建设的法律、法规、规章或强制性标准和执业行为规范，经县级以上建设行政主管部门或其委托的执法监督机构查实和行政处罚，形成的不良行为记录，且在行政处罚期内。 |
| 10.2 | 招标控制价 | ☑ 设招标控制价，招标控制价为：3687600.98 元 |
| 10.5 | 中标公示 | 在中标通知书发出前，招标人将中标候选人的情况在本招标项目招标公告发布的同一媒介予以公示，公示期不少于 3 日 |
| 10.6 | 知识产权 | 构成本招标文件各个组成部分的文件，未经招标人同意，投标人不得擅自复印和用于非本招标项目所需的其他目的。招标人全部或者部分使用未中标人投标文件中的技术成果或技术方案时，需征得其书面同意，并不得擅自复印或提供给第三人 |
| 10.7 | 重新招标的其他情形 | 除投标人须知正文第 8 条规定的情形外，除非已经产生中标候选人，在投标有效期内同意延长投标有效期的投标人少于三个的，招标人应当依法重新招标 |
| 10.8 | 同义词语 | 构成招标文件组成部分的“通用合同条款”“专用合同条款”“技术标准和要求”和“工程量清单”等章节中出现的措辞“发包人”和“承包人”，在招标投标阶段应当分别按“招标人”和“投标人”进行理解 |
| 10.9 | 监督 | 本项目的招标投标活动及其相关当事人应当接受有管辖权的行政监督部门依法实施的监督。<br>监督部门：<br>联系方式： |
| 10.10 | 招标代理服务费 | 参照原国家计委计价格〔2002〕1980 号文件以及国家发展和改革委发改价格〔2011〕534 号文件附表费率 |
| 10.11 | 解释权 | 构成本招标文件的各个组成文件应互为解释，互为说明；如有不明确或不一致，构成合同文件组成内容的，以合同文件约定内容为准，且以专用合同条款约定的合同文件优先顺序解释；除招标文件中有特别规定外，仅适用于招标投标阶段的规定，按招标公告（投标邀请书）、投标人须知、评标办法、投标文件格式的先后顺序解释；同一组成文件中就同一事项的规定或约定不一致的，以编排顺序在后者为准；同一组成文件不同版本之间有不一致的，以形成时间在后者为准。按本款前述规定仍不能形成结论的，由招标人负责解释 |
| 10.12 | 异议 | 投标人或者其他利害关系人对招标文件有异议的，应当在投标截止时间 10 日前提出。招标人应当自收到异议之日起 3 日内作出答复；作出答复前，应当暂停招标投标活动。<br>投标人对开标有异议的，应当在开标现场提出，招标人应当当场作出答复，并制作记录。<br>投标人或者其他利害关系人对依法必须进行招标的项目的评标结果有异议的，应当在中标候选人公示期间提出。招标人应当自收到异议之日起 3 日内作出答复；作出答复前，应当暂停招标投标活动。<br>联系人：××× 联系方式：××× |
| 10.13 | 招标人补充的其他内容 | |

**1　总则**

1.1　项目概况

1.1.1　根据《中华人民共和国招标投标法》等有关法律、法规和规章的规定，本招标项目已具备招标条件，现对本标段施工进行招标。

1.1.2　本招标项目招标人：见投标人须知前附表。

1.1.3　本标段招标代理机构：见投标人须知前附表。

1.1.4　本招标项目名称：见投标人须知前附表。

1.1.5　本标段建设地点：见投标人须知前附表。

1.2　资金来源和落实情况

1.2.1　本招标项目的资金来源：见投标人须知前附表。

1.2.2　本招标项目的出资比例：见投标人须知前附表。

1.2.3　本招标项目的资金落实情况：见投标人须知前附表。

1.3　招标范围、计划工期和质量要求

1.3.1　本次招标范围：见投标人须知前附表。

1.3.2　本标段的计划工期：见投标人须知前附表。

1.3.3　本标段的质量要求：见投标人须知前附表。

1.3.4　本标段资格审查方式：见投标人须知前附表。

1.4　投标人资格要求

1.4.1　投标人应具备承担本标段施工的资质条件、能力和信誉。

(1) 资质条件：见投标人须知前附表。

(2) 信誉要求：见投标人须知前附表。

(3) 项目经理资格：见投标人须知前附表。

(4) 其他要求：见投标人须知前附表。

1.4.2　投标人须知前附表规定接受联合体投标的，除应符合本章第1.4.1项和投标人须知前附表的要求外，还应遵守以下规定。

(1) 联合体各方应按招标文件提供的格式签订联合体协议书，明确联合体牵头人和各方权利义务。

(2) 由同一专业的单位组成的联合体，按照资质等级较低的单位确定资质等级。

(3) 联合体各方不得再以自己名义单独或参加其他联合体在同一标段中投标。

1.4.3　投标人不得存在下列情形之一。

(1) 为招标人不具有独立法人资格的附属机构（单位）。

(2) 为本标段前期准备提供设计或咨询服务的，但设计施工总承包的除外。

(3) 为本标段的监理人。

(4) 为本标段的代建人。

(5) 为本标段提供招标代理服务的。

(6) 与本标段的监理人或代建人或招标代理机构同为一个法定代表人的。

(7) 与本标段的监理人或代建人或招标代理机构相互控股或参股的。

(8) 与本标段的监理人或代建人或招标代理机构相互任职或工作的。

“工程量清单”中的相应报价。

3.3 投标有效期

3.3.1 在投标人须知前附表规定的投标有效期内，投标人不得要求撤销或修改其投标文件。

3.3.2 出现特殊情况需要延长投标有效期的，招标人将通知所有投标人延长投标有效期。投标人同意延长的，应相应延长其投标保证金的有效期，但不得要求或被允许修改或撤销其投标文件；投标人拒绝延长的，其投标失效，但投标人有权收回其投标保证金。

3.4 投标保证金

3.4.1 投标人在递交投标文件的同时，应按投标人须知前附表规定的金额、担保形式和第八章“投标文件格式”规定的投标保证金格式递交投标保证金，并作为其投标文件的组成部分。联合体投标的，其投标保证金由牵头人递交，并应符合投标人须知前附表的规定。

3.4.2 投标人不按本章第3.4.1项要求提交投标保证金的，其投标文件作废标处理。

3.4.3 招标人与中标人签订合同后5日内，向未中标的投标人和中标人退还投标保证金。

3.4.4 有下列情形之一的，投标保证金将不予退还：

(1) 投标人在规定的投标有效期内撤销或修改其投标文件。

(2) 中标人在收到中标通知书后，无正当理由拒签合同协议书或未按招标文件规定提交履约担保。

3.5 资格审查资料

3.5.1 应按照投标人须知前附表1.4.1要求对投标企业资质条件、信誉要求、项目经理资格及其他要求提供相关证明材料。

3.5.2 投标人须知前附表规定接受联合体投标的，本章第3.5.1项规定的表格和资料应包括联合体各方相关情况。

3.6 备选投标方案

除投标人须知前附表另有规定外，投标人不得递交备选投标方案。允许投标人递交备选投标方案的，只有中标人所递交的备选投标方案方可予以考虑。评标委员会认为中标人的备选投标方案优于其按照招标文件要求编制的投标方案的，招标人可以接受该备选投标方案。

3.7 投标文件的编制

3.7.1 投标文件应按第八章“投标文件格式”执行。其中，投标函附录在满足招标文件实质性要求的基础上，可以提出比招标文件要求更有利于招标人的承诺。

3.7.2 投标文件应当对招标文件有关工期、投标有效期、质量要求、技术标准和要求、招标范围等实质性内容作出响应。

3.7.3 投标文件应编制目录，投标文件签字或盖章的具体要求见投标人须知前附表。

3.7.4 投标人编制投标文件时，涉及营业执照、资质、业绩、获奖、人员、财务、社保、纳税、各类证书等内容，须在××市公共资源交易中心诚信库已登记的信息中选取。投标人应及时在投标截止时间前对主体诚信库的相关内容进行补充、更新。

**4 开标**

招标人在本章规定的投标截止时间（开标时间）和投标人须知前附表规定的地点开标。

**5 评标**

5.1 评标委员会

5.1.1 评标由招标人依法组建的评标委员会负责。评标委员会由有关技术、经济等方面的专家组成。评标委员会成员人数以及技术、经济等方面专家的确定方式见投标人须知前附表。

5.1.2 评标委员会成员有下列情形之一的，应当回避：

(1) 招标人或投标人的主要负责人的近亲属。

(2) 项目主管部门或者行政监督部门的人员。

(3) 与投标人有经济利益关系，可能影响对投标公正评审的。

(4) 曾因在招标、评标以及其他与招标投标有关活动中从事违法行为而受过行政处罚或刑事处罚的。

(5)“信用中国”网站（www.creditchina.gov.cn）记录为失信被执行人的。

5.2 评标原则

评标活动遵循公平、公正、科学和择优的原则。

5.3 评标

评标委员会按照第三章“评标办法”规定的方法、评审因素、标准和程序对投标文件进行评审。第三章“评标办法”没有规定的方法、评审因素和标准，不作为评标依据。

**6 合同授予**

6.1 定标方式

除投标人须知前附表规定评标委员会直接确定中标人外，招标人依据评标委员会推荐的中标候选人确定中标人，评标委员会推荐中标候选人的人数见投标人须知前附表。

6.2 中标通知

在本章第3.3款规定的投标有效期内，招标人向中标人发出中标通知书，同时将中标结果通知未中标的投标人。

6.3 履约担保

在签订合同前，中标人应按投标人须知前附表规定的金额、担保形式和招标文件第四章“合同条款及格式”规定的履约担保格式向招标人提交履约担保。联合体中标的，其履约担保由牵头人递交，并应符合投标人须知前附表规定的金额、担保形式和招标文件第四章“合同条款及格式”规定的履约担保格式要求。

中标人不能按以上要求提交履约担保的，视为放弃中标，其投标保证金不予退还，给招标人造成的损失超过投标保证金数额的，中标人还应当对超过部分予以赔偿。

**7 签订合同**

招标人和中标人应当自中标通知书发出之日起30天内，根据招标文件和中标人的投标文件订立书面合同并由中标人上传交易系统中。中标人无正当理由拒签合同的，招标人取消其中标资格，其投标保证金不予退还；给招标人造成的损失超过投标保证金数额的，中标人还应当对超过部分予以赔偿。

发出中标通知书后，招标人无正当理由拒签合同的，给中标人造成损失的，还应当赔偿损失。

**8　重新招标和不再招标**

8.1　重新招标

有下列情形之一的，招标人将重新招标：

(1) 投标截止时间止，投标人少于3个的。

(2) 经评标委员会评审后否决所有投标的。

8.2　不再招标

重新招标后投标人仍少于3个或者所有投标被否决的，属于必须审批或核准的工程建设项目，经原审批或核准部门批准后不再进行招标。

**9　纪律和监督**

9.1　对招标人的纪律要求

招标人不得泄露招标投标活动中应当保密的情况和资料，不得与投标人串通损害国家利益、社会公共利益或者他人合法权益。

9.2　对投标人的纪律要求

投标人不得相互串通投标或者与招标人串通投标，不得向招标人或者评标委员会成员行贿谋取中标，不得以他人名义投标或者以其他方式弄虚作假骗取中标；投标人不得以任何方式干扰、影响评标工作。

9.3　对评标委员会成员的纪律要求

评标委员会成员不得收受他人的财物或者其他好处，不得向他人透漏对投标文件的评审和比较、中标候选人的推荐情况以及与评标有关的其他情况。在评标活动中，评标委员会成员不得擅离职守，影响评标程序正常进行，不得使用第三章“评标办法”中未予规定的评审因素和标准进行评标。

9.4　对与评标活动有关的工作人员的纪律要求

与评标活动有关的工作人员不得收受他人的财物或者其他好处，不得向他人透露对投标文件的评审和比较、中标候选人的推荐情况以及与评标有关的其他情况。在评标活动中，与评标活动有关的工作人员不得擅离职守，影响评标程序正常进行。

9.5　投诉

投标人和其他利害关系人认为本次招标活动违反法律、法规和规章规定的，有权向有关行政监督部门投诉。

**10　需要补充的其他内容**

需要补充的其他内容：见投标人须知前附表。

# 第三章　评　标　办　法

评标办法前附表（综合评估法）。

| 条款号 | | 评审因素 | 评审标准 |
|---|---|---|---|
| 2.1.1 | 形式评审标准 | 投标人名称 | 与营业执照、资质证书、安全生产许可证一致 |
| | | 投标函签字盖章 | 有法定代表人签名并加盖单位公章 |
| | | 投标文件格式 | 符合第八章“投标文件格式”的要求 |
| | | 报价唯一 | 只能有一个有效报价 |
| 2.1.2 | 资格评审标准 | 营业执照 | 具备有效的营业执照 |
| | | 安全生产许可证 | 具备有效的安全生产许可证 |
| | | 资质等级 | 符合第二章“投标人须知前附表”第1.4.1项规定 |
| | | 信誉要求 | 符合第二章“投标人须知前附表”第1.4.1项规定 |
| | | 项目经理 | 符合第二章“投标人须知前附表”第1.4.1项规定 |
| | | 其他要求 | 符合第二章“投标人须知前附表”第1.4.1项规定 |
| 2.1.3 | 响应性评审标准 | 投标内容 | 符合第二章“投标人须知前附表”第1.3.1项规定 |
| | | 工期 | 符合第二章“投标人须知前附表”第1.3.2项规定 |
| | | 工程质量 | 符合第二章“投标人须知前附表”第1.3.3项规定 |
| | | 投标有效期 | 符合第二章“投标人须知前附表”第3.3.1项规定 |
| | | 投标保证金 | 符合第二章“投标人须知前附表”第3.4.1项规定 |
| | | 投标价格 | 低于（含等于）第二章“投标人须知前附表”第10.2款载明的招标控制价 |

| 条款号 | 条款内容 | 编列内容 |
|---|---|---|
| 2.2.1 | 分值构成（总分100分） | 技术标（施工组织设计）：41分<br>商务标：40分<br>综合标：19分 |
| 2.2.2 | 评标基准价计算方法 | 评标基准价＝A×50％＋B×50％<br>其中：A为招标控制价。B为投标总报价低于（含等于）招标控制价至高于招标控制价×95％（含等于）范围内的各有效投标总报价，去掉一个最高和一个最低投标总报价后的算术平均值（符合此条件范围内的有效投标总报价不足五家时，以此范围内所有有效投标总报价的算术平均值作为B值）；当有效投标总报价全部低于95％×招标控制价时，则以95％×招标控制价作为B值。有效投标不含弃权标、无效标和废标。<br>备注：投标人的投标总报价在招标控制价的95％（含95％）～100％（含100％）的，参与计算评标基准值；投标总报价低于95％×招标控制价的，则不参与计算评标基准价，但仍可参与下一阶段评标 |
| 2.2.3 | 投标报价的偏差率计算公式 | 偏差率＝100％×（投标人总报价－评标基准价）/评标基准价 |

续表

| 条款号 | 评分因素 | | 评 分 标 准 |
|---|---|---|---|
| 2.2.4<br>(1) | 技术标评分标准（总分41分）（评审项目若有漏项或没有具体内容的，相应项目按0分计） | 内容完整性和编制水平（0～2分） | 根据内容完整性，得0～1分；<br>根据编制水平，得0～1分 |
| | | 施工总体布置（0～5分） | 重点评价对工程的理解，施工总体布置的合理性。<br>合理4～5分，基本合理1～3分，否则不得分 |
| | | 施工方法及技术措施（0～6分） | 评价主要施工方法、施工工序、主要技术措施的完整性和合理性。完整、合理4～6分，基本完整、合理2～4分，一般1～2分，否则不得分 |
| | | 施工主要机械设备及人力资源配置（0～6分） | 对拟投入本工程施工的机械设备类型、型号、数量及适用性、可靠性和投入的人力资源数量、结构配置的合理性进行综合评审。<br>施工机械满足现场施工要求得3分，基本满足得1～2分，否则不得分；人力资源数量、结构配置合理得3分，基本满足得1～2分，否则不得分 |
| | | 质量保证体系及质量保证措施（0～6分） | 综合评价质量目标、质量保证体系是否健全，质量保证措施是否合理有效并具有针对性、可操作性。<br>质量保证体系健全得3分，否则可酌情扣分。质量保证措施有效合理并具有针对性、可操作性3分，一般1～3分，否则不得分 |
| | | 施工进度计划安排及保证措施（0～6分） | 综合评价施工进度计划安排是否合理、保证措施是否得力。安排合理、措施得力4～6分，一般2～4分，否则不得分 |
| | | 安全生产保证措施（0～4分） | 综合评价安全生产保证体系是否健全，安全生产保证措施是否合理有效并具有针对性、可操作性。<br>安全生产体系健全、保证措施针对性强得4分，一般0～2分 |
| | | 文明工地和环境保护措施（0～3分） | 综合评价文明施工和环境保护措施的责任制落实、机构的设置、人员的配备、措施的合理性和可靠性以及经费的保障等。责任制体系健全、措施得力3分，一般0～2分 |
| | | 劳动力安排计划（0～3分） | 根据劳动力安排计划可行性、合理性，得0～3分 |
| 2.2.4<br>(2) | 商务标评分标准（总分40分） | (1) 投标总报价（满分40分） | 有效投标人的投标总报价等于评标基准价的，得基本分35分；有效投标人的投标总报价与评标基准价相比，低于5%以内者（含5%），每低一个百分点，在基本分35分的基础上加1分，最多加5分；有效投标人的投标总报价与评标基准价相比，低于评标基准价5%以上者（不含5%），每再低1%从满分（40分）上扣2分，扣完为止；有效投标人的投标总报价与评标基准价相比，每高出一个百分点，从基本分（35分）的基础上扣1分，扣完为止。<br>备注：不足一个百分点的按线性插值法计算 |
| 2.2.4<br>(3) | 综合标评分标准（总分19分） | 企业业绩 | 2017年以来，承担过类似水利施工工程，每提供一份业绩得2分，最多得10分。<br>备注：类似业绩指水利水电工程（含防渗墙）、投标文件中附合同扫描件、以合同签订时间为准，否则不得分 |
| | | 优惠条件的承诺 | 优惠承诺应是书面的符合工程实际情况确保依法依规，优惠合理，翔实可行，4<得分≤6；优惠承诺符合工程实际情况，确保依法依规，优惠基本合理，基本翔实可行，2≤得分≤4（如有缺项不得分） |
| | | 招标人意见 | 招标人根据投标人投标文件编制的翔实、合理、符合性及响应程度等综合印象进行打分。招标人意见可由招标人代表（业主评委）负责赋予：0～3分 |

## 1 评标方法

本次评标采用综合评估法。评标委员会对满足招标文件实质性要求的投标文件，按照本章第2.2款规定的评分标准进行打分，并按得分由高到低顺序推荐中标候选人，或根据招标人授权直接确定中标人，但投标报价低于其成本的除外。综合评分相等时，以投标报价低的优先；投标报价也相等的，由招标人自行确定。

## 2 评审标准

2.1 初步评审标准

2.1.1 形式评审标准：见评标办法前附表。

2.1.2 资格评审标准：见评标办法前附表。

2.1.3 响应性评审标准：见评标办法前附表。

2.2 分值构成与评分标准

2.2.1 分值构成。

(1) 技术标：见评标办法前附表。

(2) 商务标：见评标办法前附表。

(3) 综合标：见评标办法前附表。

2.2.2 评标基准价计算。

评标基准价计算方法：见评标办法前附表。

2.2.3 投标报价的偏差率计算。

投标报价的偏差率计算公式：见评标办法前附表。

2.2.4 评分标准。

(1) 技术标评分标准：见评标办法前附表。

(2) 商务标评分标准：见评标办法前附表。

(3) 综合标评分标准：见评标办法前附表。

## 3 评标程序

3.1 初步评审

3.1.1 评标委员会依据本章第2.1款规定的标准对投标文件进行初步评审。有一项不符合评审标准的，作废标处理。

3.1.2 投标人有以下情形之一的，其投标作废标处理。

(1) 第二章“投标人须知”第1.4.3项规定的任何一种情形的。

(2) 串通投标或弄虚作假或有其他违法行为的。

(3) 不按评标委员会要求澄清、说明或补正的。

3.1.3 投标报价有算术错误的，评标委员会按以下原则对投标报价进行修正，修正的价格经投标人确认后具有约束力。投标人不接受修正价格的，其投标作废标处理。

(1) 投标文件中的大写金额与小写金额不一致的，以大写金额为准。

(2) 总价金额与依据单价计算出的结果不一致的，以单价金额为准修正总价，但单价金额小数点有明显错误的除外。

3.2 详细评审

3.2.1 评标委员会按本章第2.2款规定的量化因素和分值进行打分，并计算出综合

(6) 承包人应按照国家行业相关规定，参加单元工程质量评定、分部工程评定、单位工程评定。及时参加分部工程验收和单位工程验收。并完成以下工作（但不限于）：

1) 编制工程验收工作方案和计划。

2) 参加分部工程验收、单位工程验收、合同项目完成验收、部分工程验收，提交有关验收报告和备查资料。

3) 作为被验收单位参与设计单元工程完工（竣工）验收、单项（设计单元）工程投入使用验收等政府验收，按时提交有关报告和备查资料。

4) 落实历次验收的遗留问题，并及时提请验收。

5) 配合发包人开展专项验收和安全评估工作。

6) 负责对施工档案资料的收集、整理、归档并按要求及时移交。

(7) 承包人应按照有关规定，建立工程档案管理工作领导责任制和相关人员岗位责任制，明确工程档案管理机构，配备必要人员及设施、设备，统筹安排工程档案管理工作所需资金，建立健全工程档案管理的各项规章制度，保证工程档案合理有序进行。凡未完成工程档案归档任务或工程档案质量不合格的，发包人不予返还保留金。

(9) 承包人不得直接向发包人主张权利。

4.3 分包

4.3.2 允许承包人分包的工程项目、工作内容的规定：本工程不允许分包，但确需分包（如劳务分包），须经发包人同意，并报上级水行政监督部门批准。

4.5 承包人项目经理

4.5.5 本合同的项目经理不能兼任除本合同外的其他工程项目经理或主要负责人。如无不可抗拒的因素，在本合同施工期内项目经理不得更换，否则承包人向发包人支付违约金3万元，并应及时纠正，同时承担由此造成的一切后果和违约责任。

4.5.6 项目经理每月在现场工作天数不得少于21天，发包人将根据监理人提交的考勤记录对项目经理进行考评，每月每差一天，承包人向发包人支付违约金1000元（发包人批准的休假、公差除外）。

4.5.7 经发包人同意更换项目经理的，须试用3个月，且承包人须向发包人提交5万元保证金。该项目经理在试用期内使发包人满意，发包人将无息退还保证金；否则保证金不予退还，同时承包人须重新更换项目经理，直至发包人满意。发包人提出撤换不胜任的项目经理时，承包人应及时更换，否则还应承担由此造成的一切后果。

4.5.8 本合同工程的技术负责人不能兼任其他工程的负责人。未经发包人同意，在本合同施工期内技术负责人不得更换，否则承包人向发包人支付违约金2万元，并且每月在现场工作天数不得少于21天，发包人将根据监理人提交的考勤记录对技术负责人进行考评，每月每差一天，承包人向发包人支付违约金1000元（发包人批准的休假、公差除外）。

4.8 保障承包人人员的合法权益

4.8.7 承包人应在工地设立医疗救护机构，配备必要的医护人员及医疗和急救设备，若农民工因工作原因受到事故伤害或患职业病，积极配合劳动保障监察部门对所发生的劳动争议进行处理，并按处理意见解决劳动争议，其费用已包含在投标报价中。

4.8.8　承包人应按照《建设领域农民工工资支付管理暂行办法》、《关于建立建筑行业农民工工资保障金制度切实解决建筑业企业拖欠农民工工资问题的通知》（豫劳社监察〔2003〕19号）和《关于加强建设等行业农民工劳动合同管理的通知》（劳社部发〔2005〕9号）和其他有关规定（以最新下发的文件为准），依法与所招用的农民工签订劳动合同，按照劳动合同约定按时足额支付农民工工资，不得无故拖欠或克扣。按照通知要求做好农民工劳动合同管理工作，建立健全劳动合同管理制度，并向劳动保障行政部门提供用工备案。

承包人在签合同前应按发包人规定缴纳中标价的2%作为农民工工资保障金。一旦其承包的工程中出现拖欠农民工工资现象，可以由发包人从工资保障金中先于划支。工程交工后，发包人在施工现场农民工集散场所公示本建设项目的竣工日期、工程结算结果等情况，凡无拖欠的，由发包人将农民工工资保障金一次性退还承包人。

4.11　不利物质条件

4.11.1　不利物质条件的范围：＿／＿。

**5　材料和工程设备**

5.2　发包人提供的材料和工程设备

删去本款全文，代之以：发包人不提供材料和工程设备。

**6　施工设备和临时设施**

6.2　发包人提供的施工设备和临时设施

删去本款全文，并代之以：发包人不提供施工设备和临时设施。

**7　交通运输**

7.1　道路通行权和场外设施

道路通行权和场外设施的约定：由承包人自行办理并承担相关费用。

**8　测量放线**

8.1　施工控制网

8.1.1　施工控制网的约定：由承包人负责测设，并应将施工控制网资料报送监理人审批。

**9　施工安全、治安保卫和环境保护**

9.1　发包人的施工安全责任

9.1.4　发包人提供合同工程设计范围内的有关勘测成果资料，其余资料由承包人负责收集。

9.2　承包人的施工安全责任

9.2.12　下列工程应编制专项施工方案：主要工程项目，其中重要和关键工程项目必要时组织专家论证和审查。

9.7　文明工地

9.7.1　本合同文明工地的约定：发包人指导，承包人具体实施。

**11　开工和竣工（完工）**

11.4　异常恶劣的气候条件

11.4.3　本合同工程界定异常恶劣气候条件的范围为：非正常气候条件。

11.5　承包人工期延误

承包人未能按要求的完工日期完工时，逾期完工违约金按1000元/天计，全部逾期竣工违约金的总限额为不超过合同价格的10%。

11.6　工期提前

工期提前的奖金约定：由发包人与承包人商定。

**12　暂停施工**

12.1　承包人暂停施工的责任

(5) 承包人承担暂停施工责任的其他情形：/。

12.2　发包人暂停施工的责任

(3) 发包人承担暂停施工责任的其他情形：/。

**13　工程质量**

13.7　质量评定

13.7.7　工程合格标准为：达到《水利水电工程施工质量检验与评定规程》(SL 176—2007) 合格标准。

13.8　质量事故处理

13.8.4　工程竣工验收时，发包人向竣工验收委员会汇报并提交历次质量缺陷处理的备案资料。

**14　试验和检验**

14.1　材料、工程设备和工程的试验和检验

14.1.6　本工程实行见证取样的试块、试件及有关材料：钢筋、水泥、砂（石）骨料等原材料及混凝土试块。

**15　变更**

15.1　变更的范围和内容

(6) 增加或减少合同中关键项目的工程量超过其项目工程总量的15%，关键项目：项目的合同价占合同总价的5%，单价调整方式：不调价。

15.5　承包人的合理化建议

15.5.2　承包人实现合理化建议的奖励金额为：/。

15.8　暂估价

15.8.1　(1) 发包人和承包人组织招标的暂估价项目：（签约后填入）；发包人组织招标的暂估价项目：（签约后填入）。

(2) 发包人和承包人以招标方式选择暂估价项目供应商或分包人时，双方的权利义务关系：/。

**16　价格调整**

16.1　物价波动引起的价格调整

物价波动引起的价格调整方式：不调价。

**17　计量与支付**

17.2　预付款

17.2.1　预付款：无。

17.3　工程进度付款

17.3.2　进度付款申请单。进度付款申请单的份数：　6　份。

17.3.3　进度付款证书和支付时间。

(2) 发包人逾期支付进度款时违约金的计算及支付办法：不支付逾期违约金。

17.4　质量保证金

17.4.1　每个付款周期扣留的质量保证金为工程进度付款的____%，扣留的质量保证金总额为工程价款结算总额的____%。

17.5　竣工（完工）结算

17.5.1　竣工（完工）付款申请单。

(1) 承包人应提交竣工付款申请单一式　6　份。

17.5.2　工程价款结算支付。

(1) 工程付款按工程进度情况和完成工程量情况，由建设（监理）单位办理付款手续。

(2) 建设单位在复核工程量时，不考虑不合格工程的工程量。

17.6　竣工结清

17.6.1　最终结清申请单

(1) 承包人应提交最终结清申请单一式　8　份。

17.7　竣工财务决算

承包人应为竣工财务决算编制提供的资料：按发包人要求提供准确，完整、齐全的有关技术材料、工程结算的经济文件、施工图及变更与签证等。

**18　竣工验收（验收）**

18.1　验收工作分类

本工程法人验收包括：在项目建设过程中，按有关规定应由项目法人组织的验收；政府验收包括：专项验收、阶段验收、竣工验收。验收条件为：①工程已完建；②按规定进行了评定或验收；③合同约定的其他条件。验收程序为：①听取被验及有关单位汇报；②检查完成情况、质量及相关档案资料；③讨论通过验收结论。

18.3　单位工程验收

18.3.4　提前投入使用的单位工程包括：　/　。

18.5　阶段验收

18.5.1　本合同工程阶段验收类别包括：　/　。

18.6　专项验收

18.6.2　本合同工程专项验收类别包括：　/　。

18.7　竣工验收

18.7.3　本工程　不需要　竣工验收技术鉴定。

18.8　施工期运行

18.8.1　需要在施工期运行的单位工程或工程设备为：　/　。

18.9　试运行

18.9.1　试运行的组织：由发包人负责组织；费用承担：　由承包人承担所需全部费用　。

**19　缺陷责任与保修责任**

本工程缺陷责任期（工程质量保修期）计算如下：从工程移交证书中指明的完工日期算起，保修期为一年。

**20　保险**

20.1　工程保险

建筑工程一切险和（或）安装工程一切险投保人：由承包人以发包人和承包人共同名义投保。

投保内容：发包人与承包人共同协商确定。

保险金额、保险费率和保险期限：发包人与承包人共同协商确定。

20.4　第三者责任险

20.4.2　第三者责任险保险费率：发包人与承包人共同协商确定。

第三者责任险保险金额：发包人与承包人共同协商确定。

20.5　其他保险

需要投保的其他内容：由发包人与承包人共同协商确定。

保险金额、保险费率和保险期限：由发包人与承包人共同协商确定。

20.6　对各项保险的一般要求

20.6.1　保险凭证

承包人提交保险凭证的期限：开工前3天。

保险条件：应满足工程需要，符合本合同规定。

20.6.4　保险金不足的补偿

承包人负责补偿的范围与金额：临时工程、施工设备和施工人员损失保险与实际损失的差额由承包人承担；

发包人负责补偿的范围与金额：永久工程损失保险赔偿与实际损失的差额由发包人补偿。

**24　争议的解决**

24.1　争议的解决方式

合同当事人友好协商解决不成、不愿提请争议评审或不接受争议评审组意见的，约定的合同争议解决方式：直接向工程所在地人民法院提请诉讼。合同争议协调期间，承包人不得以任何方式中止所承担的工程建设活动。

# 第五章　工 程 量 清 单

## 1　工程量清单说明

1.1　工程量清单应与招标文件中的投标人须知、通知合同条款、专用合同条款、技术标准和要求（合同技术条款）、图纸等一起阅读和理解。

1.2　本工程量清单仅是投标报价的共同基础，除另有约定外，工程量清单中的工程量是根据招标设计图纸计算的用于投标报价的估算工程量，不作为最终结算工程量。最终结算工程量是承包人实际完成并符合技术标准和要求（合同技术条款）规定，按施工图纸计算的有效工程量。

1.3　工程量清单中各项目的工作内容和要求应符合技术标准和要求（合同技术条款）的规定。

1.4　工程价款的支付遵循合同条款的约定。

1.5　本清单所有项目的计量与支付规则除满足本技术条款“计量与支付”外，同时满足《水利工程工程量清单计价规范》（GB 50501—2007），两者不一致时，以本技术条款规定为准。

**2　投标报价说明**

2.1　工程量清单报价表组成

工程量清单报价表由以下表格组成：

(1) 投标总价。

(2) 工程项目总价表。

(3) 工程量清单报价表。

(4) 计日工项目报价表。

(5) 工程单价汇总表。

(6) 工程单价费（税）率汇总表。

(7) 投标人生产电、风、水、砂石基础单价汇总表。

(8) 投标人生产混凝土配合比材料费表。

(9) 投标人自行采购主要材料预算价格汇总表。

(10) 投标人自备施工机械台时（班）费汇总表。

(11) 工程单价计算表。

(12) 人工费单价汇总表。

2.2　工程量清单填写规定

2.2.1　除招标文件另有规定外，投标人不得随意增加、删除或涂改招标文件工程量清单中的任何内容。符合合同规定的全部费用和利润都应包括在工程量清单所列的各项目中，合同固定应有承包人承担而在工程量清单中未详细列出的项目，其费用和利润应认为已包括在其他有关项目的单价和合价中。工程量清单中凡未估列工程量、其单位为“项”的项目，由投标人依据本合同文件要求，并根据现场可利用条件和投标人的施工方案等，自行确定工程量和合价，此类项目的工程量及合价，在实施过程中一般不予调整，实行总价承包。

2.2.2　工程量清单中的工程单价是完成工程量清单中一个质量合格的规定计量单位项目所需的直接工程费、间接费、企业利润和税金，并考虑到风险因素。投标人应根据规定的工程单价组成内容确定工程单价。除另有规定外，有效工程量以外的超挖、超填工程量，施工附加量，加工、运输损耗量等，所消耗的人工、材料和机械费用，均应摊入相应有效工程量的工程单价内。

2.2.3　投标金额（价格）均应为人民币表示。

2.2.4　投标总价应按工程项目工程量清单表合计金额填写。

2.2.5　工程项目总价表中组号和工程项目名称按招标文件工程量清单相应内容填写，并按分组工程量清单报价表中相应项目合计金额填写。暂列金额按招标文件工程项目总价表中的相应内容填写。

2.2.6 分组工程量清单报价表中的序号、人工、材料、机械的名称、型号规格以及计量单位，由投标人按照需要自行确定，并填写相应项目单价。

2.2.7 计日工项目报价表的序号、人工、材料、机械的名称、型号规格以及计量单位，由投标人按照需要自行确定，并填写相应项目单价。

2.2.8 辅助表格填写：

（1）工程单价汇总表，按工程单价计算表中的相应内容、价格（费率）填写。

（2）工程单价费（税）率汇总表，按工程单价计算表中的相应内容、费（税）率填写。

（3）投标人生产电、风、水、砂石基础单价汇总表，按基础单价分析计算成果的相应内容、价格填写，并附相应基础单价的分析计算书。

（4）投标人生产混凝土配合比材料费表，按表中工程部分、混凝土强度等级（附抗渗、抗冻等级）、水泥强度、级配、水灰比、相应材料用量和单价填写，填写的单价必须与工程单价计算表中采用的相应混凝土材料单价一致。

（5）投标人自行采购主要材料预算价格汇总表，按表中的序号、材料名称、型号规格、计量单位和填写的预算价格，填写的预算价格必须与工程计算表中采用的相应材料预算价格一致。

（6）投标人自备机械台时（班）费汇总表，按表中的序号、机械名称、型号规格、一类费用和二类费用填写，填写的台时（班）费合计金额必须与工程单价计算表中相应的施工机械台时（班）费单价一致。

（7）工程单价计算表，按表中的施工方法、序号、名称、型号规格、计量单位、数量、单价、合价填写。

（8）投标金额大于或等于投标总标价万分之五的工程项目，必须编报工程单价计算表。工程单价计算表，按表中的施工方法、序号、名称、型号规格、计量单位、数量、单价、合价填写，填写的人工、材料和机械等基础价格，必须与人工费单价汇总表、基础材料单价汇总表、主要材料预算价格汇总表及施工机械台时（班）费汇总表中的单价一致。

（9）人工费单价汇总表应按人工费单价计算表的内容、价格填写，并附相应的人工费单价计算表。

# 投 标 总 价

_______________________________（项目名称）

合同编号：_______________________________

投标总价人民币（大写）：_________________ 元

（￥）：_______________________________ 元

# 工 程 项 目 总 价 表

合同编号：HNSL-2022-×××

工程名称：河南省×××水利枢纽工程

| 组号 | 项目分组名称 | 金额/元 | 备 注 |
|---|---|---|---|
| | | | |
| | | | |
| | | | |
| | | | |
| | | | |
| | | | |
| | | | |
| | | | |
| | | | |
| | | | |
| | | | |
| | | | |
| | | | |
| | | | |
| | | | |
| | | | |
| | | | |
| | | | |
| | | | |
| | | | |
| | | | |
| | | | |
| | | | |
| | | | |
| | 合计（A） | | |

暂列金额（B）______________

投标总报价（A）＋（B）______________

# 工程量清单报价表

合同编号：HNSL-2022-×××

工程名称：河南省×××水利枢纽工程

| 序号 | 项目名称 | 计量单位 | 工程数量 | 单价/元 | 合价/元 | 备　注 |
|---|---|---|---|---|---|---|
| 壹 | 第一部分　建筑工程 | | | | | |
| 一 | 主体建筑工程 | | | | | |
| (一) | 大坝工程 | | | | | |
| 1 | 主坝工程 | | | | | |
| (1) | 坝基土方开挖 | $m^3$ | 364526 | | | Ⅲ类土，运距 500m |
| (2) | 坝基土方回填 | $m^3$ | 293524 | | | 利用开挖料，运距 1000m |
| (3) | 坝坡土方开挖 | $m^3$ | 236920 | | | Ⅲ类土，运距 500m |
| (4) | 坝坡土方回填 | $m^3$ | 185236 | | | 利用开挖料，运距 500m |
| (5) | 石方明挖 | $m^3$ | 15268 | | | 一般石方开挖<br>——100 型潜孔钻钻孔<br>（孔深 6～9m）<br>岩石级别Ⅺ～Ⅻ |
| (6) | 石渣运输 | $m^3$ | 25693 | | | 露天，500m |
| (7) | 现浇 C25 混凝土块护坡 | $m^3$ | 966.5 | | | |
| (8) | C20 混凝土齿墙 | $m^3$ | 235 | | | |
| (9) | C20 混凝土台阶 | $m^3$ | 86.5 | | | |
| (10) | C10 混凝土垫层 | $m^3$ | 428 | | | |
| (11) | 平面模板 | $m^2$ | 526.36 | | | 土基 |
| (12) | C20 混凝土排水沟 | $m^3$ | 2323 | | | |
| (13) | 干砌石贴坡排水 | $m^3$ | 236.2 | | | |
| (14) | 粗砂垫层 | $m^3$ | 4562.1 | | | |
| (15) | 碎石垫层 | $m^3$ | 4562.1 | | | |
| (16) | 坝顶 C20 混凝土路面 | $m^3$ | 125.6 | | | |
| (17) | M7.5 浆砌石护底 | $m^3$ | 236.5 | | | |
| (18) | 土工布铺设 | $m^3$ | 2156.3 | | | |
| (19) | 黏土防渗墙填筑 | $m^3$ | 56.2 | | | |
| (二) | 溢洪道工程 | | | | | |

续表

| 序号 | 项目名称 | 计量单位 | 工程数量 | 单价/元 | 合价/元 | 备注 |
|---|---|---|---|---|---|---|
| (20) | 基础清理 | $m^3$ | 3692.3 | | | |
| (21) | 溢洪道岸坡土方开挖 | $m^3$ | 236.9 | | | Ⅲ类土，运距1000m |
| (22) | 溢洪道岸坡土方回填 | $m^3$ | 456 | | | 利用开挖料，运距1000m |
| (23) | C20混凝土底板衬砌 | $m^3$ | 639.6 | | | |
| (24) | C20混凝土边坡衬砌 | $m^3$ | 236.5 | | | |
| (25) | C20混凝土溢洪道进口防护 | $m^3$ | 236 | | | |
| (26) | 闭孔泡沫板 | $m^2$ | 46.3 | | | |
| (27) | C20混凝土裹头 | $m^3$ | 45.3 | | | |
| (28) | 平面模板 | $m^2$ | 563.2 | | | |
| (三) | 输水洞 | | | | | |
| 1 | 进水口 | | | | | |
| (29) | 土方开挖（Ⅲ类土，运距500m） | $m^3$ | 42.82 | | | |
| (30) | 土方回填（利用开挖料，运距500m） | $m^3$ | 23.11 | | | |
| (31) | C25钢筋混凝土消力井 | $m^3$ | 15.24 | | | |
| (32) | 现浇C25钢筋混凝土爬坡漏 | $m^3$ | 11.45 | | | |
| (33) | 现浇C20混凝土踏步 | $m^3$ | 3.4 | | | |
| (34) | C20混凝土洞身 | $m^3$ | 2.82 | | | |
| (35) | C15混凝土垫层 | $m^3$ | 3.17 | | | |
| (36) | 橡胶止水 | m | 15.56 | | | |
| (37) | 钢筋制作安装 | t | 1.81 | | | |
| (38) | 平面模板 | $m^2$ | 56.84 | | | |
| 2 | 出水口 | | | | | |
| (39) | C15混凝土垫层 | $m^3$ | 2.68 | | | |
| (40) | 出口C25钢筋混凝土消力池 | $m^3$ | 5.23 | | | |
| (41) | 出口C20混凝土洞身 | $m^3$ | 1.24 | | | |
| (42) | M7.5浆砌石输水渠 | $m^3$ | 31.61 | | | |
| (43) | 橡胶止水 | m | 5.27 | | | |

续表

| 序号 | 项目名称 | 计量单位 | 工程数量 | 单价/元 | 合价/元 | 备　注 |
|---|---|---|---|---|---|---|
| (44) | 钢筋制作安装 | t | 1.65 | | | |
| (45) | 平面模板 | $m^2$ | 13.27 | | | |
| 贰 | 第二部分　机电设备安装工程 | | | | | |
| 1 | 平板焊接钢闸门 | 台 | t | 15 | | 10000 元/t |
| 2 | 配电箱 | 个 | 1 | | | |
| 叁 | 金属结构设备安装工程 | | | | | |
| 1 | 经纬仪 J16″级 | 台 | 1 | | | 16800 元/台 |
| 2 | 水准仪 | 台 | 1 | | | 8300 元/台 |
| 肆 | 第四部分　施工临时工程 | | | | | |
| 一 | 导流工程 | | | | | |
| 1 | 围堰填筑 | $m^3$ | 177 | | | |
| 2 | 袋装土石围堰 | $m^3$ | 70 | | | |
| 3 | 袋装土石围堰拆除 | $m^3$ | 70 | | | |
| 4 | 围堰拆除 | $m^3$ | 177 | | | |
| 二 | 施工交通工程 | | | | | |
| 1 | 施工临时道路 | $m^2$ | 1000 | | | |
| 三 | 施工场外供电工程 | | | | | |
| 1 | 施工临时供电线路 | m | 500 | | | |
| 四 | 施工房屋建筑工程 | | | | | |
| 1 | 施工仓库 | $m^2$ | 300 | | | |
| 2 | 办公、生活及文化福利建筑 | % | 1.5 | | | |
| | | | | | | |
| | | | | | | |
| | | | | | | |
| | | | | | | |
| | | | | | | |
| 合　计 | | | | | | |

# 第　二　卷

## 第六章　图纸（略）

（招标图纸单独成册）

# 第　三　卷

## 第七章　技术标准和要求（略）

（合同技术条款）

# 第　四　卷

## 第八章　投标文件格式（附后）

# 工作任务2：施 工 组 织 设 计

## 1 工作任务

编制河南省×××水利枢纽工程的施工组织设计。

## 2 工作目标

（1）掌握水利工程施工组织设计的方法。

（2）能够编制河南省×××水利枢纽工程的施工组织设计。

## 3 任务分组

按照学号顺序每6～8名学生为一个小组，每小组设组长一名，每个小组的设计任务要求组内成员保质保量完成。小组成员互相讨论设计方案，培养团队协作能力，小组间不得互相抄袭。

## 4 引导问题

（1）分析施工条件。

（2）确定施工导流方案。

（3）确定施工组织设计及施工程序。

## 5 工作计划

带领学生回顾水利工程施工技术及组织设计相关知识，采取分组讨论的形式，让学生完成某工程的施工组织设计。

## 6 进度决策

（1）施工条件分析（0.25天）。

（2）拟定施工方案（0.5天）。

（3）编制施工进度计划（0.5天）。

（4）确定施工组织机构（0.25天）。

（5）工程质量保证措施（0.5天）。

（6）安全施工、文明施工、环境保护措施（0.25天）。

（7）进行施工现场的总体布置与规划（0.25天）。

## 7 工作实施

根据工程实际情况，参考相关知识点，完成某工程的施工组织设计。

## 8 评价反馈

编制的施工组织设计合理，符合要求，书写工整，做好学生的考核统计。

# 9 相关知识点

## 9.1 施工条件分析

施工条件分析包括：

（1）气象与水文气象。

（2）地质条件。包括工程地质条件和水文地质条件。

（3）砂石料供应条件及对外交通。

（4）施工供电、供水。

（5）施工队伍。

## 9.2 拟定施工方案

根据项目的划分情况确定其施工方法、施工机械类型规格，有些工种还要考虑运距等情况。

施工方法和施工机械的选择是施工方案中的关键问题，它直接影响施工进度、施工质量和安全，还会影响到施工成本。在施工方案设计时，必须根据工程规模、结构特点，以及地形、地质和机械供应条件等因素，制定出可行方案，并经技术经济比较，确定出最优方案。

施工方法和施工机械的选择紧密相连，在现代化施工条件下，确定施工方法后往往接着就是选择施工机械；施工方法一经确定，主要施工机械随之而定，其他组织安排均以此为基础。

### 9.2.1 施工导流

根据工程地形、地质、水文气象等条件，拟定一种施工导流的方法。

本工程根据《水利水电工程施工组织设计规范》（SL 03—2004）的要求，采用土石围堰导流，工程施工期设计洪水按非汛期 5 年一遇洪水设计，围堰运行期为 12 月至次年 2 月，设计洪水总量为 1.6 万 $m^3$。施工进度设计原则是尽量保证一年空库运行。所有工程项目应在汛期前结束或具备过水条件。

### 9.2.2 土石方工程施工方法

1. 基坑开挖

土方开挖用人工开挖、胶轮车运输，或采用挖掘机挖装，自卸汽车运输；石方开挖人工打眼，浅层爆破，石渣为胶轮车运输。

2. 回填及夯实

黏土铺盖采用人工开挖，胶轮车运土，人工分层夯实，蛙式打夯机辅助，严格控制含水量，达到设计要求。基础及挡土墙填土采用人工胶轮车运土砂，人工夯实，蛙式打夯机辅助。导流围堰采用人工胶轮车运土，履带拖拉机压实。

3. 砌石工程施工方法

砌石工程采用机械拌和砂浆，人工安砌。本工程主体为砌石结构，工程量大，应分区分段组织好施工，以加快施工速度。

4. 混凝土工程施工方法

混凝土工程施工采用机械拌和，电动振捣器振捣，混凝土养护方法，以人工洒水为主，辅以湿草覆盖，要求选用的混凝土生产、运输、浇筑、养护等各施工环节衔接合理；工艺先进，设备配套合理；初、中、后期混凝土浇筑强度协调平衡。

工程中采用的预制构件，如果施工现场布置方便，地形地质条件有利，预制构件的数量较少、结构简单，则尽量采用现场制作加工以减少运输费用，要选择好预制场地，构件运输、吊装方法。施工现场不具备制作条件时，可以从混凝土加工厂预制加工，但要考虑运输环节。大型预制构件如机架桥、交通桥构件可采用扒杆或机械吊装；翻板门构件、启闭机房配件等小型构件可采用轮船式汽车起重机吊装。

对特别复杂的工程对象及一般施工中不常遇见的施工方法，还需要绘制施工方法示意图。在冬季施工时，必须考虑冬季施工的特点，正确地确定冬季施工的工程项目，既要保证施工的连续性及全年性，保证工程如期交付使用，又要考虑到使施工所增加的补充费用最少，而且不致造成施工的复杂性。在冬季进行施工的工程项目，应当在细致的分析计算以及技术经济指标比较的基础上予以确定。并且应当考虑冬季施工的准备工作，例如混凝土和灰浆站的保暖，现场型工场、办公室、仓库等的保暖，修建工人采暖室，修建现场型蒸汽供应站等。

### 9.2.3 施工机械的选择

施工机械的选择，一般要求遵循下列规则：

(1) 应根据工程特点选择适宜的主要施工机械。例如，大体积混凝土施工时，起重机是主要机械，应使所选起重机在起重量、覆盖范围、起吊高度等方面满足施工要求。

(2) 发挥主要施工机械的作用。各种辅助机械或运输工具应与主要施工机械的生产能力相配套，以充分发挥主要机械的效率。例如，在土石方填筑施工中，挖土机是主要机械，采用自卸汽车运土时，应使汽车数和挖土机相配套，将汽车载重量选为挖土机斗容量的整倍数，并保证挖土机连续工作。

(3) 尽可能减少机械种类和型号。对同一施工项目，应力求施工机械的种类和型号尽可能少一些，以便于施工机械及其配件的维修和管理。

### 9.2.4 确定各分部分项工程的施工顺序

施工顺序是指分部分项工程施工的前后次序，制定的施工顺序要能使施工中各单位、各部门、各阶段以及各项目之间的关系等更好地协调起来，使施工建立在科学合理的基础上，从而做到人尽其力、物尽其用，优质、低耗、高速地取得最好的经济效益和社会效益。

确定施工顺序时，应考虑以下问题：

(1) 必须遵守施工工艺的要求。各施工过程之间客观存在着工艺顺序关系。例如，现浇钢筋混凝土柱的施工顺序为绑扎钢筋、架立模板、混凝土浇筑养护和拆模。

(2) 必须考虑到施工方法及施工组织的要求。

(3) 要考虑到施工质量和安全的要求。例如，现浇混凝土的拆模，必须要等到混凝土强度达到一定程度后才能进行。

### 9.2.5 本工程施工方案

本工程主体工程的施工采用人工与机械相结合的方法施工，机械为主，人工为辅。

1. 土方工程施工

大面积、大方量土方开挖以机械为主，即近距离采用 40～74kW 推土机推运，远距离采用 $1m^3$ 挖掘机或 $1m^3$ 装载机挖装，5t 自卸汽车运输至弃料区。对于局部小沟槽开挖或边坡修整可采用人工施工。

输水洞土方开挖采用人工与机械相结合的方法施工，机械为主，人工为辅，采用 $1m^3$ 挖掘机或 $1m^3$ 装载机挖装 5t 自卸汽车运输至弃料区，运距 1000m。

挡土墙或基础沟槽土方回填工程，可采用挖掘机填土或人工填土，采用打夯机夯实的方法，以避免破坏主体结构。对于土坝、防汛道路、坝顶路面等工程土方回填等可采用推土机推土压实，对于局部采用打夯机夯实。

输水洞洞身、顶部范围采用人工或打夯机分层夯实的方法，其他部位可采用机械分层碾压。铺筑前应先做碾压试验，以确定铺土厚度及土粒直径的限制尺寸、碾压遍数等数值。上坝土料中的杂质必须清除，每层铺料厚度不得大于 30cm，作业面应分层统一铺土，统一碾压，严禁出现界沟。铺料至坝边时，应在设计边线外超填 30～50cm。压实度不小于 0.96。

2. 上下游坝坡工程施工

上下游坝坡采用现浇混凝土护坡。

(1) 土工布的铺设。土工布按照以下施工工序施工：准备工作、铺设、拼接、质量检查、回填。

铺设前先按设计断面进行削坡处理，清除坡面石块等尖突物，然后适当洒水，并用拍板或滚筒压实整平。斜坡土工布从上至下铺设。铺设时注意土工布张弛适度，避免应力集中和人为损伤。要求土工布与接触面吻合平整，防止土工布折皱现象。土工布铺设后，随即进行护坡施工，以免应力集中和人为造成土工膜的损伤。

(2) 现浇混凝土护坡。现浇混凝土护坡施工采用 $0.4m^3$ 拌和机拌制混凝土，1t 的机动翻斗车水平运输 200m，人工入仓浇筑，平板振捣器振实，对边角部位采用插入式振捣器振实，适时洒水养护。

3. 溢洪道工程施工

溢洪道施工包括溢洪道开挖衬砌及其边坡挡土墙的砌筑等，各个工程项目可独立进行，互不干扰，可同时进行施工。

(1) 土石方开挖。溢洪道工程主要工程量是基础土方开挖、底板混凝土和边墙浆砌石工程，其中土石方开挖主要为溢洪道基础开挖和削坡工程等。土方开挖采用 $1m^3$ 挖掘机配 8t 自卸汽车运输，开挖以后的土料，主要用大坝的加高和边墙后的土方回填，多余部分运输到弃料场堆放。开挖过程要保证基础基面的完整性。

(2) 底板混凝土浇筑。溢洪道控制段和泄槽段底板均为混凝土工程，混凝土应按设计要求的配合比严格控制材料配比量。混凝土衬砌应严格按照《水工混凝土施工规范》(DL/T 5144—2001)、《水工混凝土试验规范》(SL 352—2006) 要求施工。溢洪道混凝土施工采用 $0.4m^3$ 拌和机拌制混凝土，1t 的机动翻斗车水平运输 250m。混凝土的拌和时间应根据坍落度试验确定，一般不宜少于 1.5min。根据经验，从拌成到开始浇筑，以不超过 45min 为宜，超过者作为废料处理。混凝土的入仓温度一般控制在 4～25℃，夏季施工当外界气温超过30℃时，要求混凝土出仓温度25℃以下，如气温太高时可避开高温时段再行浇筑。冬季施工当气温低于−10℃时应停止浇筑，必须浇筑时要有保温防冻措施，以防混凝土出现裂缝。混凝土浇筑时如遇降雨，当雨量超过5mm/h又无防雨措施时要立即停止浇筑。

混凝土浇筑施工时，先做10cmC10混凝土垫层，然后进行混凝土浇筑，混凝土采用1.1～1.5kW插入式振捣器振实。施工过程应严格按操作规程进行，以防出现麻面、蜂窝、空洞、裂缝等，造成返工。

混凝土的养护工作是保证其质量和强度达到设计要求的重要保证措施。混凝土养护要符合规范规定。混凝土工程一般应在其强度达到设计强度的70%，保证其表面及棱角不会因拆模而破坏时才能拆模。

（3）边墙砌筑。溢洪道边墙为M7.5浆砌石，采用坐浆砌筑的方法，要求块石粒径不小于25cm，块石表面干净无杂物。对于土质地基，砌筑前应先将地基夯实，并在地基面上铺一层3～5cm厚的稠砂浆，然后再安放石块；对于岩石地基，铺筑前应先洒水湿润，表面冲洗干净。砌筑时应保证坐浆饱满，填捣密实，表面平整。工程完工后，须经常洒水养护，在砌体未达到设计强度的70%时，不得回填土料等。

输水洞进口为爬坡漏结构，出口进行维修处理。施工要求坐落于稳固基础上，混凝土施工要保证质量。严格按配合比进行配料施工，温度高或低时要采取相应措施。

## 9.3 编制施工进度计划

1. 施工进度计划

（1）确定施工项目。

（2）草拟各项工程进度：施工延续时间可根据工程量、施工人数、机械数量、劳动定额等确定。在草拟时，要抓住关键，合理安排。

（3）论证施工强度。根据工程的限制工期要求，结合施工企业的施工水平，在保证施工质量和施工安全的前提下，力求加快施工进度，以保证工程如期或提前完工。

（4）施工进度计划的检查及调整。

（5）绘制施工进度计划表：以横道图的形式表达。

2. 进度计划检查

当施工进度计划初始方案编制好后，需要对其进行检查及调整，以便使进度计划更加合理，进度计划检查的主要内容包括：

（1）各工作项目的施工顺序、平行搭接和技术间歇是否合理。

（2）总工期是否满足合同规定。

（3）主要工种的工人是否能满足连续、均衡施工的要求。

（4）主要机具、材料等的利用是否均衡和充分。

3. 本工程施工进度计划

本工程项目的施工进度计划大致如下：

工程建设全过程包括工程筹建期，工程准备期、工程施工期和工程完建期四个阶段组成，总工期不包括筹建期，由后三个阶段组成。

工程安排在第一年3月开始至第三年9月全部完成，历时2年6个月。具体安排如下：

（1）工程筹建期：工期3个月，不计入总工期，主要完成招标等工作。工程筹建期安排第一年的1—3月进行。

（2）施工准备期：工期5个月，主要完成施工交通道路建设（包括防汛道路）、场地平整、施工单位生产生活用房建设、施工工厂建设等工作，建设完成生活区、各生产施工区等处的风、水、电、通信系统，为主体工程顺利进行施工创造条件。施工准备期安排第一年的11月进行。

（3）主体工程施工期：第一年11月至第二年11月，完成大坝主体工程施工及输水洞工程的施工；同时在第二年12月至第三年4月，完成溢洪道工程施工；第三年4—6月，完成坝顶等工程施工；第三年7—8月，完成水库管理房建设及大坝观测设施建设。

（4）工程完建期：主要完成场地的清理及竣工验收工作，工期安排第三年9月完成。

### 9.4 确定施工组织机构

施工组织机构主要包括：施工组织、人员配备、岗位工作分工、施工机械设备配置等。指挥部为工程建设单位，对工程进度、工程质量、工程预算全面负责。指挥部下设办公室、工程科、财务科、宣传科、保卫科。指挥部组成人员××人（视工程规模确定）。

### 9.5 工程质量保证措施

工程质量保证措施主要包括：质保机构与人员配置、质量检查程序与保证措施、工程材料试验、质检仪器和设备、冬雨季施工措施等。

### 9.6 安全施工、文明施工、环境保护措施

主要包括：安全施工章程、安全施工目标、安全施工措施、文明施工组织管理措施、环境保护措施等。

### 9.7 进行施工现场的总体布置与规划

主要包括：施工总体布置思想、布置原则、施工临时工程布置原则、施工给排水及导流、通信、动力、照明及施工道路、生产及生活设施。

## 河南省×××水利枢纽工程基本资料

一、工程地点

河南省×××水利枢纽工程位于河南省××市外70km处，属淮河流域。

二、设计标准

按照《水利水电工程等级划分及洪水标准》（SL 252—2000）和《防洪标准》（GB 50201—94）的规定，水库总库容10万～100万$m^3$，为小（2）型水库，工程等别为V等，根据《水利水电工程等级划分及洪水标准》（SL 252—2000）中第3.1.2条规定，×××水利枢纽工程大坝高26m，确定防洪标准为50年一遇设计，200年一遇校核。

三、基本情况

（一）流域概况

河南省×××水利枢纽工程位于河南省××市外70km处，属淮河流域。水库坝址以

上控制流域面积 $10km^2$，主干流长度为 2.72km，河道平均比降 0.019。水库地理位置重要，下游共有人口三万余人，耕地 6100 亩。水库的安全运行直接关系到国家财产及沿岸人民的生命财产安全，防洪位置比较重要。水库大坝设计为均质土坝，由大坝、溢洪道和输水洞三部分组成。

（二）基本资料

1. 水文资料

1.1　气象特征

×××水利枢纽工程地处北亚热带北部边缘，位于南阳盆地温暖半湿润地区的东南部，属于亚热带季风型大陆性气候，气候温和，雨量适中，光照充足，小气候明显，季风进退与四季替换较为明显，多年平均气温 15.0℃，全年无霜期 224 天，主导风向为东北风及西南风。

水库流域内多年平均降雨量 1163mm，降雨量分配很不均匀，降雨多集中在夏季（7、8、9 月）三个月，且多以暴雨形式出现，汛期降水占全年降雨量的 80%以上。

1.2　径流

水库流域内无实测径流资料。查《河南省水资源》及《河南省地表水源附图》，水库区多年平均径流深为 290mm，径流变差系数 $C_V=0.38$，$C_S/C_V=3.5$，则多年平均径流量为 90.5 万 $m^3$，75%年份径流量为 47.0 万 $m^3$。径流深计算公式：

$$R=W/1000F$$

式中　$W$——径流总量，$m^3$；

　　$F$——流域面积，$km^2$。

设计径流成果见表 2.1。

**表 2.1　　设计径流成果表**

| 频率/% | 平均年径流深 $R$/mm | $C_V$ | $C_S/C_V$ | $K_P$ | 设计年径流深 $RP$/mm | 年径流量 $W_P$/万 $m^3$ |
|---|---|---|---|---|---|---|
| 50 | 290 | 0.38 | 3.5 | 0.87 | 252.3 | 78.7 |
| 75 | 290 | 0.75 | 3.5 | 0.52 | 150.8 | 47.0 |

1.3　设计洪水

×××水利枢纽工程无实测流量资料，洪水计算采用雨量资料间接计算的方法，洪峰流量用推理公式计算。

根据 1984 年《河南省中小流域设计暴雨洪水图集》、《河南省暴雨参数图集》（河南省水文水资源局 2005 年编制）进行洪水复核计算，用间接方法推算水库设计洪水，设计洪水成果见表 2.2。

**表 2.2　　设计洪水计算特征值及成果表**

| 重现期/年 | 24h 平均雨量/mm | $C_V$ | $C_S/C_V$ | 设计净雨/mm | 洪峰流量/($m^3$/s) | 24h 洪水总量/万 $m^3$ |
|---|---|---|---|---|---|---|
| 20 | 259.2 | 0.58 | 3.5 | 195 | 35.6 | 29.8 |
| 200 | 421.2 | 0.58 | 3.5 | 362 | 58.8 | 55.4 |

2. 测量资料

略。

3. 工程地质

见地形地质图。

（三）工程设计方案

该工程主要有大坝、输水洞和溢洪道三大部分。

1. 大坝主体工程

（1）上游坝坡。该大坝上游坝坡坡度为1：2.25，采用现浇C20混凝土板护砌，护砌范围为淤积高程141.15m至坝顶，现浇混凝土板采用边长2.0m×3.0m的长方形（沿坝轴线方向长3.0m，沿坝坡方向宽2.0m），厚12cm，下设12cm深防滑齿槽。板与板之间设2cm宽纵缝及横缝，低发闭孔泡沫板填缝。护坡底部设C20混凝土齿墙，护坡及齿墙每9m设宽2cm伸缩缝，缝内填低发闭孔泡沫板。

（2）下游坝坡。下游坝坡设计坡度1：2.5，在大坝桩号0+060上下游坝坡设置踏步，以方便坝体巡视及位移桩观测。踏步台阶宽1.2m，两侧路沿宽0.15m，C20混凝土砌筑，下设10cm厚C10混凝土垫层。增修排水沟为C20混凝土结构，横向排水沟断面尺寸为$bh=30\text{cm}\times30\text{cm}$，纵向排水沟断面尺寸为$bh=40\text{cm}\times40\text{cm}$。

（3）坝顶路面。设计大坝坝顶路面为C20预制混凝土结构，宽4.0m，坝顶设置防浪墙及路缘石。路缘石宽15cm，高50cm，下游侧的路缘石对应坝坡横向排水沟处设缺口。

（4）观测设施。位移沉降观测点：下游坝肩设2个位移观测基点，分别位于0+030和0+070。

按照观测布设要求，在大坝0+050设1个渗流观测断面，布设2个测点，分别在坝顶146.60m距路缘石0.5m处和下游坡140.00m高程处，贴坡排水导渗沟设量水堰，定时观测坝体渗流情况。

（5）照明用电设施。大坝坝顶增设照明设备。

（6）防渗处理。对坝体充填灌浆、水泥土搅拌桩防渗墙和黏土防渗墙+土工膜防渗方案进行对比，经技术经济比较采用黏土防渗墙+土工膜防渗方案。

2. 溢洪道工程

由进口段、控制段和泄槽段组成，总长2000m。

进口段引水渠采用25cm厚C20混凝土结构，控制段扭曲面采用25cm厚C20混凝土结构，控制段底板采用25cm厚C20混凝土结构。

泄槽段底板采用25cm厚C20混凝土护砌，混凝土护坡。

出口远离大坝，不再修建消能设施。

3. 输水洞工程

输水洞共有2个，洞身为钢筋混凝土有压圆管，洞径$\varphi=4\text{m}$，最大输水流量$1.89\text{m}^3/\text{s}$，采用C25钢筋混凝土结构。

（四）施工条件

1. 工程条件

河南省×××水利枢纽工程附近有公路通向坝址，交通较为便利。土料场选在溢洪道左侧 500m 处，该料场长 200m，宽 100m，面积 20000m$^2$，有用土层厚 2.5m，储量约 20 万 m$^3$，交通便利，用人工或机械开采均可，运距约 0.5km。砂料拟采用外购，选用毛集镇毛集河料场，砂料岩性为砾砂，开采条件较好，场地开阔，有县乡公路通往料场，储量约 13.0 万 m$^3$，运距约 10.0km，交通便利。石料拟采用外购，选用毛集镇铁山村石料场，岩性为花岗岩，岩石呈弱-微风化状，储量约 20.0 万 m$^3$，运距约 15.0km。料场有乡间道路通往，运输条件较好。

目前水库水质符合地表水Ⅲ类水质标准，能满足施工用水要求，安全可靠，施工用水可直接由水库抽取，视其用水量设置蓄水池，供给比较方便；施工用电功率较大，距水库最近的变电站为毛集镇变电站，需要从该站架设施工线路，保证施工的顺利进行，并考虑一定比例的自发用电，做到常用电源、备用电源（水库管理、防汛用电）与临时用电（施工用电）合理安排。

2. 建筑材料

该工程所用材料主要有黏土、砂料、石料、水泥、钢材等。

# 工作任务3：编制投标报价

## 1 工作任务

编制河南省×××水利枢纽工程投标报价。

## 2 工作目标

（1）掌握水利工程投标报价的方法。

（2）能够编制某水利工程的投标报价。

## 3 任务分组

按照学号顺序每 6～8 名学生为一个小组，每小组设组长一名，每个小组的设计任务要求组内成员保质保量完成。小组成员互相讨论设计方案，培养团队协作能力，小组间不得互相抄袭。

## 4 引导问题

（1）各项工程费率如何确定？

（2）如何编制人工、材料、机械等预算价格？

（3）如何划分分部分项工程？

（4）确定投资报价的方法？

## 5 工作计划

带领学生回顾水利工程投标报价的有关知识，采取分组讨论的形式，让学生完成某工程的合理投标报价计算。

## 6 进度决策

确定各项费用标准（0.25天）。

编制基础单价（0.5天）。

进行项目划分，计算各项目的工程量（0.5天）。

确定各项目施工方案，分析工程单价（0.5天）。

编制投标总报价（0.25天）。

## 7 工作实施

根据工程实际情况，参考相关教材，按照步骤完成投标报价。

## 8 评价反馈

编制的投标报价合理、准确，符合技术用语要求，书写工整，并完成相关考核统计。

## 9 相关知识点

### 9.1 确定各项费用标准

包括：其他直接费、间接费、利润、税金等的取费标准。具体取费标准根据工程所在地区查《水利工程设计概（估）算编制规定》(2014)（简称《编规》）和《水利工程营业税改征增值税计价依据调整办法》(办水总〔2016〕132号)。

#### 9.1.1 其他直接费

其他直接费包括冬雨季施工增加费、夜间施工增加费、特殊地区施工增加费、临时设施费、安全生产措施费和其他。

1. 冬雨季施工增加费

冬雨季施工增加费指在冬雨季施工期间为保证工程质量所需增加的费用。包括增加施工工序，增设防雨、保温、排水等设施增耗的动力、燃料、材料以及因人工、机械效率降低而增加的费用。

《编规》规定冬雨季施工增加费应根据不同地区，按基本直接费的百分率计算。

西南区、中南区、华东区：0.5%～1.0%。

华北区：1.0%～2.0%。

西北区、东北区：2.0%～4.0%。

西藏自治区：2.0%～4.0%。

西南区、中南区、华东区中，按规定不计冬季施工增加费的地区取小值，计算冬季施工增加费的地区取大值；华北区中，内蒙古等较严寒地区可取大值，其他地区取中值或小值；西北区、东北区中，陕西、甘肃等省取小值，其他地区可取中值或大值。各地区包括的省（自治区、直辖市）如下。

(1) 华北地区：北京、天津、河北、山西、内蒙古等5个省（自治区、直辖市）。

(2) 东北地区：辽宁、吉林、黑龙江等3个省。

(3) 华东地区：上海、江苏、浙江、安徽、福建、江西、山东等7个省（直辖市）。

（4）中南地区：河南、湖北、湖南、广东、广西、海南等6个省（自治区）。

（5）西南地区：重庆、四川、贵州、云南等4个省（直辖市）。

（6）西北地区：陕西、甘肃、青海、宁夏、新疆等5个省（自治区）。

2. 夜间施工增加费

夜间施工增加费指施工场地和公用施工道路的照明费用。照明线路工程费用包括在“临时设施费”中；施工附属企业系统、加工厂、车间的照明费用，列入相应的产品中，均不包括在本项费用之内。

《编规》规定夜间施工增加费应根据不同工程类别，按基本直接费的百分率计算。

（1）枢纽工程：建筑工程0.5%，安装工程0.7%。

（2）引水工程：建筑工程0.3%，安装工程0.6%。

（3）河道工程：建筑工程0.3%，安装工程0.5%。

3. 特殊地区施工增加费

特殊地区施工增加费指在高海拔、原始森林、沙漠等特殊地区施工而增加的费用。其中高海拔地区施工增加费已计入定额，其他特殊增加费应按工程所在地区规定标准计算，地方没有规定的不得计算此项费用。

4. 临时设施费

临时设施费指施工企业为进行建筑安装工程施工所必需的但又未被划入施工临时工程的临时建筑物、构筑物和各种临时设施的建设、维修、拆除、摊销等。如：供风、供水（支线）、供电（场内）、照明、供热系统及通信支线，土石料场，简易砂石料加工系统，小型混凝土拌和浇筑系统，木工、钢筋、机修等辅助加工厂，混凝土预制构件厂，场内施工排水，场地平整、道路养护及其他小型临时设施等。

《编规》规定临时设施费应根据不同工程类别，按基本直接费的百分率计算。

（1）枢纽工程：建筑及安装工程3.0%。

（2）引水工程：建筑及安装工程1.8%～2.8%。若工程自采加工人工砂石料，费率取上限；若工程自采加工天然砂石料，费率取中值；若工程采用外购砂石料，费率取下限。

（3）河道工程：建筑及安装工程1.5%～1.7%。灌溉田间工程取下限，其他工程取中上限。

5. 安全生产措施费

安全生产措施费指为保证施工现场安全作业环境、安全施工及文明施工所需要，在工程设计已考虑的安全支护措施之外发生的安全生产、文明施工相关费用。

《编规》规定安全生产措施费应根据不同工程类别，按基本直接费的百分率计算。

（1）枢纽工程：建筑及安装工程2.0%。

（2）引水工程：建筑及安装工程1.4%～1.8%。一般取下限标准，隧洞、渡槽等大型建筑物较多的引水工程、施工条件复杂的引水工程取上限标准。

（3）河道工程：建筑及安装工程1.2%。

（4）其他。包括施工工具用具使用费，检验试验费，工程定位复测及施工控制网测设费，工程点交、竣工场地清理费，工程项目及设备仪表移交生产前的维护费，工程验收检测费等。

6. 施工工具用具使用费

指施工生产所需，但不属于固定资产的生产工具，检验、试验用具等的购置、摊销和维护费。

7. 检验试验费

指对建筑材料、构件和建筑安装物进行一般鉴定、检查所发生的费用，包括自设实验室所耗用的材料和化学药品费用，以及技术革新和研究试验费，不包括新结构、新材料的试验费和建设单位要求对具有出厂合格证明的材料进行试验、对构件进行破坏性试验，以及其他特殊要求检验试验的费用。

8. 工程项目及设备仪表移交生产前的维护费

指竣工验收前对已完工程及设备进行保护所需的费用。

9. 工程验收检测费

指工程各级验收阶段为检测工程质量发生的检测费用。《编规》规定其他费应根据不同工程类别，按基本直接费的百分率计算：①枢纽工程：建筑工程1.0%，安装工程1.5%；②引水工程：建筑工程0.6%，安装工程1.1%；③河道工程：建筑工程0.5%，安装工程1.0%。

### 9.1.2 间接费

间接费指施工企业为建筑安装工程施工而进行组织与经营管理所发生的各项费用。间接费构成产品成本，由规费和企业管理费组成。

1. 规费

规费指政府和有关部门规定必须缴纳的费用，包括社会保险费和住房公积金。

(1) 社会保险费。

1) 养老保险费。指企业按照规定标准为职工缴纳的基本养老保险费。

2) 失业保险费。指企业按照规定标准为职工缴纳的失业保险费。

3) 医疗保险费。指企业按照规定标准为职工缴纳的基本医疗保险费。

4) 工伤保险费。指企业按照规定标准为职工缴纳的工伤保险费。

5) 生育保险费。指企业按照规定标准为职工缴纳的生育保险费。

(2) 住房公积金。指企业按照规定标准为职工缴纳的住房公积金。

2. 企业管理费

企业管理费指施工企业为组织施工生产和经营管理活动所发生的费用。包括以下内容：

(1) 管理人员工资。指管理人员的基本工资、辅助工资。

(2) 差旅交通费。指施工个企业管理人员因公出差、工作调动的差旅费，误餐补助费，职工探亲路费，劳动力招募费，职工离退休、退职一次性路费，工伤人员就医路费，工地转移费，交通工具运行费及牌照费等。

(3) 办公费。指企业办公用文具、印刷、邮电、书报、会议、水电、燃煤（气）等费用。

(4) 固定资产使用费。指企业属于固定资产的房屋、设备、仪器等的折旧、大修理、维修费或租赁费等。

(5) 工具用具使用费。指企业管理使用不属于固定资产的工具、用具、家具、交通工具和检验、试验、测绘、消防用具等的购置、维修和摊销费。

(6) 职工福利费。指企业按照国家规定支出的职工福利费，以及由企业支付离退休职工的易地安家补助费、职工退职金、6个月以上的病假人员工资、按规定支付给离休干部的各项经费。职工发生工伤时企业依法在工伤保险基金之外支付的费用，其他在社会保险基金之外依法由企业支付给职工的费用。

(7) 劳动保护费。指企业按照国家有关部门规定标准发放的一般劳动防护用品的购置及修理费、保健费、防暑降温费、高空作业及进洞津贴、技术安全措施以及洗澡用水、饮用水的燃料费等。

(8) 工会经费。指企业按职工工资总额计提的工会经费。

(9) 职工教育经费。指企业为职工学习先进技术和提高文化水平按职工工资总额计提的费用。

(10) 保险费。指企业财产保险、管理用车辆等保险费用，高空、井下、洞内、水下、水上作业等特殊工种的安全保险费、危险作业意外伤害保险费等。

(11) 财务费用。指施工企业为筹集资金而发生的各项费用。包括企业经营期间发生的短期融资利息净支出、汇兑净损失、金融机构手续费，企业筹集资金发生的其他财务费用，以及投标和承包工程发生的保函手续费等。

(12) 税金。指企业按规定缴纳的房产税、管理用车辆使用税、印花税等。

(13) 城市维护建设税。指国家为了加强城市的维护建设，扩大和稳定城市维护建设资金的来源，而对有经营收入的单位和个人征收的一个税种。城市维护建设税，以企业或个人实际缴纳的产品税、增值税、营业税税额为计税依据，分别与产品税、增值税、营业税同时缴纳。城市维护建设税的征收、管理、纳税环节、奖罚等事项，比照产品税、增值税、营业税的有关规定办理。

(14) 教育费附加。是对缴纳增值税、消费税、营业税的单位和个人征收的一种附加费。

(15) 地方教育附加。指根据国家有关规定，为实施“科教兴省”战略，增加地方教育的资金投入，促进各省（自治区、直辖市）教育事业发展而开征的一项地方政府性基金，以纳税人实际缴纳的增值税、消费税、营业税的税额为计费依据。

(16) 其他。包括技术转让费、企业定额测定费、施工企业进退场费、施工企业承担的施工辅助工程设计费、投标报价费、工程图纸资料费及工程摄影费、技术开发费、业务招待费、绿化费、公证费、法律顾问费、审计费、咨询费等。

3. 间接费标准

《编规》规定，根据工程性质不同，间接费标准划分为枢纽工程、引水工程、河道工程三部分标准，详见表2.3。

(1) 引水工程：一般取下限标准，隧洞、渡槽等大型建筑物较多的引水工程、施工条件复杂的引水工程取上限标准。

(2) 河道工程：灌溉田间工程取下限，其他工程取上限。

表 2.3 间接费费率表

| 序号 | 工程类别 | 计算基础 | 间接费费率/% | | |
|---|---|---|---|---|---|
| | | | 枢纽工程 | 饮水工程 | 河道工程 |
| 一 | 建筑工程 | | | | |
| 1 | 土方工程 | 直接费 | 8.5 | 5～6 | 5～6 |
| 2 | 石方工程 | 直接费 | 12.5 | 10.5～11.5 | 5～6 |
| 3 | 砂石备料工程（自采） | 直接费 | 5 | 5 | 5 |
| 4 | 模板工程 | 直接费 | 9.5 | 7～8.5 | 5～6 |
| 5 | 混凝土浇筑工程 | 直接费 | 9.5 | 8.5～9.5 | 5～6 |
| 6 | 钢筋制作安装工程 | 直接费 | 5.5 | 5 | 5 |
| 7 | 钻孔灌浆工程 | 直接费 | 10.5 | 9.5～10.5 | 9.25 |
| 8 | 锚固工程 | 直接费 | 10.5 | 9.5～10.5 | 9.25 |
| 9 | 疏浚工程 | 直接费 | 7.25 | 7.25 | 6.25～7.25 |
| 10 | 掘进机施工隧洞工程（1） | 直接费 | 4 | 4 | 4 |
| 11 | 掘进机施工隧洞工程（2） | 直接费 | 6.25 | 6.25 | 6.25 |
| 12 | 其他工程 | 直接费 | 10.5 | 8.5～9.5 | 7.25 |
| 二 | 机电、金属结构设备安装工程 | 人工费 | 75 | 70 | 70 |

4. 工程类别范围说明

（1）土方工程。包括土方开挖与填筑等。

（2）石方工程。包括石方开挖与填筑、砌石、抛石工程等。

（3）砂石备料工程。包括天然砂砾料和人工砂石料的开采加工。

（4）模板工程。包括现浇各种混凝土时制作及安装的各类模板工程。

（5）混凝土浇筑工程。包括现浇和预制各种混凝土、伸缩缝、止水、防水层、温控措施等。

（6）钢筋制作安装工程。包括钢筋制作与安装工程等。

（7）钻孔灌浆工程。包括各种类型的钻孔灌浆、防渗墙、灌注桩工程等。

（8）锚固工程。包括喷混凝土（浆）、锚杆、预应力锚索（筋）工程等。

（9）疏浚工程。指用挖泥船、水力冲挖机组等机械疏浚江河、湖泊的工程。

（10）掘进机施工隧洞工程。包括掘进机施工土石方类工程、钻孔灌浆及锚固类工程等。

（11）掘进机施工隧洞工程。指掘进机设备单独列项采购并且在台时费中不计折旧费的土石方类工程、钻孔灌浆及锚固类工程等。

（12）其他工程。指表中所列 11 类工程以外的其他工程。

**9.1.3** 利润

利润指按规定应计入建筑安装工程费用中的利润。利润不分建筑工程和安装工程，均按直接费与间接费之和的 7%计算。

**9.1.4** 税金

营业税改征增值税后，税金指应计入建筑及安装工程费用的增值税销项税额，税率为11%。

为了计算简便，在编制造价文件时，可按下列公式和费率计算：

税金=(直接费+间接费+利润+材料补差)×计算税率

## 9.2 编制基础单价

### 9.2.1 人工预算单价

水利工程按工程性质划分为枢纽工程、引水工程和河道工程，根据《水利工程设计概(估)算编制规定(工程部分)》(水总〔2014〕429号)，不同工程性质的人工预算单价计算标准见表2.4。

表2.4 人工预算单价计算标准 单位：元/工时

| 类别与等级 | 一般地区 | 一类区 | 二类区 | 三类区 | 四类区 | 五类区(西藏二类区) | 六类区(西藏三类区) | 西藏四类区 |
|---|---|---|---|---|---|---|---|---|
| 枢纽工程 | | | | | | | | |
| 工长 | 11.55 | 11.80 | 11.98 | 12.26 | 12.76 | 13.61 | 14.63 | 15.40 |
| 高级工 | 10.67 | 10.92 | 11.09 | 11.38 | 11.88 | 12.73 | 13.74 | 14.51 |
| 中级工 | 8.90 | 9.15 | 9.33 | 9.62 | 10.12 | 10.96 | 11.98 | 12.75 |
| 初级工 | 6.13 | 6.38 | 6.55 | 6.84 | 7.34 | 8.19 | 9.21 | 9.98 |
| 引水工程 | | | | | | | | |
| 工长 | 9.27 | 9.47 | 9.61 | 9.84 | 10.24 | 10.92 | 11.73 | 12.11 |
| 高级工 | 8.57 | 8.77 | 8.91 | 9.14 | 9.54 | 10.21 | 11.03 | 11.40 |
| 中级工 | 6.62 | 6.82 | 6.96 | 7.19 | 7.59 | 8.26 | 9.08 | 9.45 |
| 初级工 | 4.64 | 4.84 | 4.98 | 5.21 | 5.61 | 6.29 | 7.10 | 7.47 |
| 河道工程 | | | | | | | | |
| 工长 | 8.02 | 8.19 | 8.31 | 8.52 | 8.86 | 9.46 | 10.17 | 10.49 |
| 高级工 | 7.40 | 7.57 | 7.70 | 7.90 | 8.25 | 8.84 | 9.55 | 9.88 |
| 中级工 | 6.16 | 6.33 | 6.46 | 6.66 | 7.01 | 7.60 | 8.31 | 8.63 |
| 初级工 | 4.26 | 4.43 | 4.55 | 4.76 | 5.10 | 5.70 | 6.41 | 6.73 |

注 1. 艰苦边远地区划分执行人事部、财政部《关于印发〈完善艰苦边远地区津贴制度实施方案〉的通知》(国人部发〔2006〕61号)及各省(自治区、直辖市)关于艰苦边远地区津贴制度实施意见。一至六类地区的类别划分参见《水利工程设计概(估)算编制规定》附录7，执行时应根据最新文件进行调整。一般地区指附录7之外的地区。

2. 西藏地区的类别执行西藏特殊津贴制度相关文件规定，其二至四类划分的具体内容见《水利工程设计概(估)算编制规定》附录8。

3. 跨地区建设项目的人工预算单价可按主要建筑物所在地确定，也可按工程规模或投资比例进行综合确定。

### 9.2.2 材料预算价格

材料预算价格一般包括材料原价、运杂费、运输保险费、采购及保管费4项，个别材料若规定另计包装费的另行计算。根据《水利工程营业税改征增值税计价依据调整办法》(办水总〔2016〕132号)，材料原价、运杂费、运输保险费和采购及保管费等分别按不含增值税进项税额的价格计算。

主要材料预算价格计算公式为：

材料预算价格=(材料原价+包装费+运杂费)×(1+采购及保管费费率)+运输保险费

1. 材料原价

除电及火工产品外，材料原价按工程所在地区就近的大物资供应公司、材料交易中心的市场成交价或设计选定的生产厂家的出厂价计算。有时也可以按工程所在地建设工程造价管理部门公布的信息价格计算。电及火工产品执行国家定价。包装费是指材料运输和保管过程中的包装费和包装材料的折旧摊销费。包装费一般包含在材料原价中。若材料原价中未包括包装费用，而在运输和保管过程中必须包装的材料，则应另计包装费，按照包装材料的品种、规格、包装费用和正常的折旧摊销费、包装费按工程所在地实际资料和有关规定计算。材料原价的确定，应按不同产地的价格和供应数量，采取加权平均的方法计算。

根据《水利工程营业税改征增值税计价依据调整办法》(办水总〔2016〕132号)，材料价格应采用发布的不含税信息价格或市场调研的不含税价格。投标报价文件采用含税价格编制时，材料价格可以采用将含税价格除以调整系数的方式调整为不含税价格，调整方法如下：主要材料除以1.17调整系数，主要材料指水泥、钢筋、柴油、汽油、炸药、木材、引水管道、安装工程的电缆、轨道、钢板等未计价材料、其他占工程投资比例高的材料；次要材料除以1.03调整系数；购买的砂、石料、土料暂按除以1.02调整系数；商品混凝土除以1.03调整系数。按原金额标准计算的运杂费除以1.03调整系数，按费率计算运杂费时费率乘以1.10调整系数。

(1) 水泥。由生产企业根据生产成本和市场供求情况自主定价，一般采用厂家出厂价。袋装水泥的包装费按规定计入原价，不计回收，不计押金。

(2) 木材。工程所需木材由林区贮木场直接供应的，原则上均应执行设计所选定木场的大宗批发价；由工程所在地区木材公司供应的，采用该地区木材公司规定的木材大宗批发价。

木材原价的代表规格，按二类(杉木)、三类(松木)树种各占50%，Ⅰ等、Ⅱ等材各50%考虑；长度2～3.8m，径级20～28cm。

(3) 汽油、柴油：其原价按工程所在地区石油部门供应考虑。汽油、柴油按车辆要求及工程所在地区气温条件确定规格型号。

(4) 炸药：按国家及地方有关规定计算其价格。代表规格为2号岩石铵梯炸药，4号岩石铵梯炸药，1～9kg/包。

(5) 钢材：包括钢筋、钢板及型钢，按市场价计算。钢筋代表规格采用碳素结构钢$\phi$16～18mm，低合金钢采用20MnSi$\phi$20～25mm，二者比例由设计确定。钢板、型钢的代表规格、型号和比例，按设计要求确定。

2. 运杂费

运杂费是指材料由产地或交货地点运到工地分仓库(或相当于工地分仓库的材料堆放场)所发生的各种运输工具的运费、调车费、装卸费和其他杂费等费用。一般分为铁路、公路、水路几种运输方式计算其运杂费。铁路运输按铁道部现行《铁路货物运价规则》及有关规定计算其运杂费。公路及水路运输，按工程所在省（自治区、直辖市）交通部门现行规定或市场价计算。

在编制运杂费时，应详细收集工程所在地区及有关部门的运杂费价格资料，按施工组织设计中选定的运输方式、运输工具和里程进行计算。运杂费计算中应注意以下几个问题：

（1）编制材料预算价格时，应先绘制运输流程示意图，避免在计算过程中发生遗漏和重复。

（2）确定运量比例。一个工程若有两种以上的对外交通方式，要确定各运输方式在工程材料运输中所占比例。采用铁路专用线，在施工初期往往不能通车，要采用公路等其他运输方式。因此，在确定运量比例时，应充分重视施工初期的运输方式。

（3）整车与零担比。整车与零担比是指火车运输中整车和零担货物的比例，又叫“整零比”。整车运价较零担便宜，材料运输时，尽可能采用整车方式运输。具体整零比视工程规模情况来定，规模大，直供量多，整车比例就高。根据已建大、中型水利水电工程实际情况，水泥、木材、炸药、汽油、柴油等按整车计算，钢材可考虑一部分零担，其比例大型工程按10%～20%，中型工程按20%～30%选取。计算时，按整车和零担所占的百分率加权平均计算运价，具体公式为

$$运价=整车运价\times整车量(\%)+零担运价\times零担量(\%)$$

（4）装载系数。材料实际运输时，因批量运输可能装不满一整车而不能满载；或虽已装满，但由于材料容重小，而其运输量达不到车皮的标记吨位；或为保证行车安全，对炸药类危险品不允许满载。这就存在实际运输重量与车辆标记重量不同的问题，而交通运输部门在整车运输时按标重收费，超过标重按实际重量计算费用，因此应考虑装载系数 $K$，$K$ 计算如下：

$$装载系数\ K=实际运输重量/运输车辆标记重量$$

只有火车整车运输钢材、木材等时，才考虑装载系数，表2.5所列装载系数供计算时参考。

**表2.5　　装载系数表**

| 序号 | 材料名称 | | 单　位 | 装载系数 |
|---|---|---|---|---|
| 1 | 水泥，油料 | | t/车皮 | 1.0 |
| 2 | 木材 | | $m^3$/车皮 | 0.90 |
| 3 | 钢材 | 大型工程 | t/车皮 | 0.90 |
| 4 | | 中型工程 | t/车皮 | 0.80～0.85 |
| 5 | 炸药 | | t/车皮 | 0.65～0.70 |

考虑装载系数后的实际运价计算为

$$实际运价=规定运价/装载系数$$

（5）毛重。运输部门往往是以物资毛重计费，因此运费中要考虑材料的毛重系数。

$$毛重系数=\frac{毛重}{净重}=(物资实际重量+包装品重量)/物资实际重量$$

单位毛重=材料单位重量×毛重系数

水泥、钢材、油料的单位毛重与材料单位重量基本一致；木材的单位重量与材质有关，一般为0.6～0.8t/$m^3$，毛重系数1.0；炸药毛重系数为1.17；油料自备油桶运输时其毛重系数：汽油为1.15，柴油为1.14。

(6) 铁路运输按《铁路货物运价规则》，根据货物运价号、运输里程运价率及有关规定计算运杂费；公路和水路运输按工程所在省（自治区、直辖市）交通部门的现行规定计算。

3. 采购及保管费

指材料在采购、供应和保管过程中所发生的各项费用，以材料运到工地仓库价格不包括运输保险费为计算基数。主要包括材料的采购、供应和保管部门工作人员的基本工资、辅助工资、职工福利费、劳动保险费、养老保险费、失业保险费、医疗保险费、工伤保险费、生育保险费、住房公积金、教育经费、办公费、差旅交通费及工具用具使用费；仓库、转运站等设施的检修费、固定资产折旧费、技术安全措施费；材料在运输、保管过程中发生的损耗等。

采购及保管费计算公式为

采购及保管费=(材料原价+包装费+运杂费)×采购及保管费费率

根据《水利工程营业税改征增值税计价依据调整办法》(办水总〔2016〕132号)，采购及保管费费率见表2.6。

**表2.6　采购及保管费费率表**

| 序号 | 材料名称 | 费率/% | 序号 | 材料名称 | 费率/% |
|---|---|---|---|---|---|
| 1 | 水泥，碎（砾）石，砂 | 3.3 | 3 | 油料 | 2.2 |
| 2 | 钢材 | 2.2 | 4 | 其他材料 | 2.75 |

4. 运输保险费

材料运输保险费是指材料在运输途中的保险费。一般按工程所在省（自治区、直辖市）或中国人民保险公司的有关规定计算。运输保险费计算公式为

运输保险费=材料原价×材料运输保险费费率

其他材料品种繁多，其费用占投资比例很小，一般不做详细计算，可参考工程所在地区工业与民用建筑安装工程材料预算价格或信息价格。

### 9.2.3 机械台班（时）费

根据《水利工程营业税改征增值税计价依据调整办法》(办水总〔2016〕132号)，施工机械使用费按调整后的施工机械台时费定额和不含增值税进项税额的基础价格计算。施工机械台时费定额的折旧费除以调整系数1.15，修理及替换设备费除以调整系数1.11，安装拆卸费不变。掘进机及其他由建设单位采购、设备费单独列项的施工机械，台时费中不计折旧费，设备费除以调整系数1.17。

1. 施工机械台时费的组成

水利工程施工机械台时费由一类和二类费用组成。

(1) 一类费用。一类费用包括折旧费、修理及替换设备费（含大修理费、经常性修理

费）和安装拆卸费，现行部颁定额是按定额编制年的价格水平以金额形式表示的，编制台时费时，应按编制年价格水平进行调整，具体按国家有关规定执行。

（2）二类费用。二类费用是指施工机械正常运转时机上人工、动力、燃料消耗费，以工时数量和实物消耗量表示，编制台时费时按国家规定的人工预算工资和工程所在地的物价水平分别计算。

2. 施工机械台时费的计算

定额机械台时费的计算：

一类费用＝定额金额×编制年调整系数

二类费用＝定额机上人工工时×人工预算单价＋Σ(动力燃料额定消耗量×预算价格)

现行台时费定额规定机上人工预算单价分别按枢纽工程、引水工程和河道工程的中级工计算。

## 9.3 进行项目划分，计算各项目的工程量

项目划分按单项工程、单位工程、分部工程划分，必要时进一步对分部工程划分为分项工程，注意按照项目划分的要求划分，不要漏项，也不要重复。工程量计算时，要按照水利工程中设计工程量计算方法，根据设计图纸，准确计算出各部分的工程数量（注意单位及定额一致）。

## 9.4 确定各项目施工方案，分析工程单价

根据所列工程项目，查相应定额确定。注意在编制浆砌石及混凝土工程单价时注意先确定砂浆和混凝土的价格，配合比可直接查阅定额后面的附表。房屋建筑工程的工程单价和供电线路等的单价参考当地实际确定。

## 9.5 编制投标总报价

由各项目的工程量乘工程单价得各分部分项工程项目的费用，各分部分项工程项目的费用合计得各单位工程费用，各单位工程费用合计得建筑工程费用。

建筑工程费用加上储备金，得到投标总报价，根据要求格式编制投标报价表，见表2.7。

**表2.7　投标报价汇总表**

| 序号 | 工程项目 | 报价金额/元 |
|---|---|---|
| | | |
| | | |
| | | |
| | 合计 | 投标报价（A）　　元 |

备用金金额（B）（投标报价A的5%）

投标总报价（A)＋(B)（保留到百元）

投标人：（盖单位公章）

法定代表人（或委托代理人）：（签名）

年　　月　　日

# 工作任务4：汇 编 投 标 文 件

## 1 工作任务

汇编河南省×××水利枢纽工程的投标文件。

投标文件的排列格式，可以参考范本。格式如下。

### 商 务 部 分

第一章 投标报价书、投标保函及授权委托书

1 投标报价书

2 投标保函

3 授权委托书

第二章 工程量清单及报价

1 标价编制说明

2 工程量清单

3 投标报价汇总表

第三章 投标辅助资料

1 单价分析表

附表一 单价分析表

附表二 主要材料预算价格预算表

附表三 混凝土材料单价计算表

2 分组工程报价组成表

3 工程单价汇总表

4 拟投入本合同工作的施工队伍简要情况表

4.1 名称、地址和通信代码

4.2 组织机构

4.3 最近五年完成的土建工程施工合同工程量

4.4 施工经验

4.5 施工队伍简介

5 拟投入本合同工作的主要人员表

6 拟投入本合同工作的主要施工设备表

7 施工技术文件及其他投标资料表

第四章 其他资料

1 投标人基本情况

2 近期完成的类似工程情况表

3 正在施工和新承接的工程情况表

4 财务状况及银行信誉证明

5 投资人资信证明文件

## 技 术 部 分

第五章 施工组织设计

1 工程概况

2 施工组织机构

3 施工总平面布置及说明

4 施工进度计划及说明

5 施工导流及基坑排水

6 分部分项工程施工方法及措施

6.1 施工测量

6.2 土方开挖及回填

6.3 石方开挖反滤土工布施工

6.4 砌石工程施工

6.5 混凝土及钢筋工程施工

6.6 冬雨季施工措施

7 工期保证措施

8 安全生产文明施工、环境保护措施

9 环境协调措施

10 工程保修措施

11 质量和安全

11.1 工程质量保证体系及保证措施

11.2 工程施工安全措施

12 主要施工机械设备使用计划

13 工程劳动力计划表

14 主要材料使用计划表

15 附属图表

## 2 工作目标

（1）掌握水利工程投标文件的内容和编制方法。

（2）能够编制水利工程施工投标文件并参加投标。

## 3 任务分组

按照学号顺序每6～8名学生为一个小组，每小组设组长一名，每个小组的设计任务要求组内成员保质保量完成。小组成员互相讨论设计方案，培养团队协作能力，小组间不得互相抄袭。

## 4　引导问题

水利工程投标文件的格式、要求是什么？如何编制一份有竞争力的投标文件，以增加中标的成功率？

## 5　工作计划

首先介绍水利工程投标文件编制的内容、步骤及注意事项，然后进行分组并发布相关任务，采用探究型学习、自主性学习、小组合作学习等方法，在实践学习过程中，加强培养团结合作、科学严谨的态度，法律意识和合同意识。

## 6　进度决策

完成投标函，授权委托书（0.5 天）。

完成工程量清单及报价（2 天）。

完成投标辅助资料（1 天）。

完成编制施工技术文件和其他投标资料（1.5 天）。

## 7　工作实施

根据招标文件的要求，参考相关书籍资料和实际工程投标文件编制的实例，按照步骤进行投标文件的编制。

## 8　评价反馈

编制的投标文件内容完整，条理清楚，文字通顺，符合技术用语要求，书写工整，并做好考核统计。

## 9　相关知识点

### 9.1　投标文件的组成

根据《水利水电工程标准施工招标文件》（2009 年）投标文件格式，投标文件包括如下 11 部分。

（1）投标函及投标函附录。

（2）法定代表人身份证明/授权委托书。

（3）联合体协议书。

（4）投标保证金。

（5）已标价工程量清单。

（6）施工组织设计。

（7）项目管理机构表。

（8）拟分包项目情况表。

（9）资格审查资料。

（10）原件的复印件。

(11) 其他材料。

**9.2 投标函及授权委托书**

包括投标函及投标函附录、法定代表人身份证明、授权委托书、投标保证金（附格式）。

## 投　标　函

____________（招标人名称）：

1. 我方已仔细研究了________（项目名称）____（标段名称）招标文件的全部内容，愿意以人民币（大写）________元（¥______元）的投标总报价，工期______日历天，按合同约定实施和完成承包工程，修补工程中的任何缺陷，工程质量达到______。

2. 我方承诺在投标有效期内不补充、修改、替代或者撤回本投标文件。

3. 随同本投标函递交投标保证金一份，金额为人民币（大写）__________元（¥________元）。

4. 如我方中标：

(1) 我方承诺在收到中标通知书后，在中标通知书规定的期限内与你方签订合同。

(2) 随同本投标函递交的投标函附录属于合同文件的组成部分。

(3) 我方承诺按照招标文件规定向你方递交履约担保。

(4) 我方承诺在合同约定的期限内完成并移交全部合同工程。

5. 我方在此声明，所递交的投标文件及有关资料内容完整、真实和准确，且不存在第2章“投标人须知”第1.4.2项和第1.4.3项规定的任何一种情形。

6. ______________________________（其他补充说明）。

投 标 人：______________________（盖单位章）

法定代表人或其委托代理人：______________（签字）

地　　址：__________________________

电　　话：__________________________

传　　真：__________________________

______年______月______日

# 投 标 函 附 录

| 序号 | 项 目 | 约定内容 | 备注 |
| --- | --- | --- | --- |
| 1 | 项目名称 | | |
| 2 | 标段名称 | | |
| 3 | 投标人 | | |
| 4 | 项目经理 | 姓名： 注册建造师证书编号： | |
| 5 | 投标总价/元 | 大写： 小写： | |
| 6 | 工期 | 日历天 | |
| 7 | 投标质量等级 | | |
| 8 | 投标有效期 | 日历天 | |
| 9 | 保修期限 | 年 | |
| 10 | 需要说明的问题 | | |

投标人：____________________（盖单位章）

法定代表人或其委托代理人：____________（签字）

______年______月______日

# 法定代表人身份证明

投标人名称：______________

单位性质：______________

地　　址：______________

成立时间：______ 年______月______日

经营期限：______________

姓名：__________性别：________年龄：________

身份证号码：__________ 职务：__________

系________________________（投标人名称）的法定代表人。

特此证明。

附：法定代表人身份证

投标人：______________（盖单位章）

__________ 年______月______日

# 授权委托书

本人______（姓名）系________（投标人名称）的法定代表人，现委托________（姓名）为我方代理人。代理人根据授权，以我方名义签署、澄清、说明、补正、递交、撤回、修改__________（项目名称）__________（标段名称）投标文件、签订合同和处理有关事宜，其法律后果由我方承担。

委托期限：____________。

代理人无转委托权。

附：法定代表人及委托人身份证复印件。

投标人：______________________________（盖单位章）

法定代表人：______________________________（签字）

身份证号码：_____________________________________

委托代理人：______________________________（签字）

身份证号码：_______________________________________

______年____月____日

# 投标保证金

（招标人名称）＿＿＿＿＿＿＿＿＿＿：

我单位已按招标文件要求，提交投标保证金。转账凭证及基本账户开户许可证扫描件（或复印件）如下：

| |
|---|
| 1. 投标保证金转账凭证复印件或扫描件<br>2. 开户许可证复印件或扫描件 |

投标人：＿＿＿＿＿＿＿＿＿＿（盖单位章）

法定代表人或其委托代理人：＿＿＿＿（签字）

＿＿＿＿年＿＿＿月＿＿＿日

## 9.3 工程量清单报价编制

1. 报价编制说明

编制依据：《水利水电工程标准施工招标文件》（2009 年）、（水利工程工程量清单计价规范）（GB 50501—2007）。

包括人工、主要材料、主要设备及施工用电、水、风、砂石料、施工机械台班费等基础单价的计算依据，建筑安装工程定额采用依据，费用计算及标准，环境工程费用的简要说明，编制中存在的其他应说明的问题。

2. 编制要求

工程量清单计价应包括按招标文件规定完成工程量清单所列项目的全部费用，包括分类分项工程费、措施项目费和其他项目费。

分类分项工程量清单计价应采用工程单价计价，分类分项工程量清单的工程单价，应根据《水利工程工程量清单计价规范》（GB 50501—2007）规定的工程单价组成内容，按招标设计文件、图纸、附录 A 和附录 B 中的“主要工作内容”确定。除另有规定外，有效工程量以外的超挖、超填工程量、施工附加量，加工、运输损耗量等所消耗的人工、材料和机械费用，均应摊入相应有效工程量的工程单价之内。

措施项目清单的金额，应根据招标文件的要求以及工程的施工方案或施工组织设计以每一项措施项目为单位，按项计价。

其他项目清单由招标人按估算金额确定，零星工作项目清单的单价由投标人确定。

按照招标文件的规定，根据招标项目盖的内容，投标人一般应编制以下基础单价，作为编制分类分项工程单价的依据。

（1）人工费单价。

（2）主要材料预算价格。

（3）电、风、水单价。

（4）砂石料单价。

（5）块石、料石单价。

（6）混凝土配合比材料费。

（7）施工机械台时（班）费。

招标工程如设标底，标底应根据招标文件中的工程量清单有关要求、施工现场情况合理的施工方案、工程单价组成内容、社会平均生产力水平，按市场价格进行编制。

投标报价应根据招标文件中的工程量清单和有关要求、施工现场情况以及拟定的施工方案，依据企业定额，按市场价格进行编制。

工程量清单的合同结算工程量，除另有约定外，应按《水利工程工程量清单计价规范》（GB 50501—2007）及合同文件约定的有效工程量进行计算。合同履行过程中需要变更工程单价时，按该规范和合同约定的变更处理程序办理。

3. 工程量清单报价表组成

工程量清单报价表由以下表格组成。

（1）投标总价。

（2）工程项目总价表。

(3) 分类分项工程量清单计价。

(4) 措施项目清单计价表。

(5) 其他项目清单计价表。

(6) 计日工项目计价表。

(7) 工程单价汇总表。

(8) 工程单价费（税）率汇总表。

(9) 投标人生产电、风、水、砂石基础单价汇总表。

(10) 投标人生产混凝土配合比材料费表。

(11) 招标人供应材料价格汇总表（若招标人提供）。

(12) 投标人自行采购主要材料预算价格汇总表。

(13) 招标人提供施工机械台时（班）费汇总表（若招标人提供）。

(14) 投标人自备施工机械台时（班）费汇总表。

(15) 总价项目分类分项工程分解表。

(16) 工程单价计算表。

(17) 人工费单价汇总表。

具体表格格式见《水利工程工程量清单计价规范》(GB 50501—2007)。

4. 工程量清单报价表填写规定

(1) 除招标文件另有规定外，投标人不得随意增加、删除或涂改招标文件工程量清单中的任何内容。工程量清单中列明的所有需要填写的单价和合价，投标人均应填写；未填写的单价和合价，视为已包括在工程量清单的其他单价和合价中。

(2) 工程量清单中的工程单价是完成工程量清单中一个质量合格的规定计量单位项目所需的直接费（包括人工费、材料费、机械使用费和季节、夜间、高原、风沙等原因增加的直接费）、施工管理费、企业利润和税金，并考虑到风险因素。投标人应根据规定的工程单价组成内容，按招标文件和《水利工程工程量清单计价规范》(GB 50501—2007) 的“主要工作内容”确定工程单价。除另有规定外，有效工程量以外的超挖、超填工程量，施工附加量，加工、运输损耗量等，所消耗的人工、材料和机械费用，均应摊入相应有效工程量的工程单价内。

(3) 投标金额（价格）均应以人民币表示。

(4) 投标总价应按工程项目总价表合计金额填写。

(5) 工程项目总价表中一级项目名称按招标文件工程项目总价表中的相应名称填写，并按分类分项工程量清单计价表中相应项目合计金额填写。

(6) 分类分项工程量清单计价表中的序号、项目编码、项目名称、计量单位、工程数量和合同技术条款章节号，按招标文件分类分项工程量清单计价表中的相应内容填写，并填写相应项目的单价和合价。

(7) 措施项目清单计价表中的序号、项目名称按招标文件措施项目清单计价表中的相应内容填写，并填写相应措施项目的金额和合计金额。

(8) 其他项目清单计价表中的序号、项目名称、金额，按招标文件其他项目清单计价表中的相应内容填写。

(9) 计日工项目计价表的序号、人工、材料、机械的名称、型号规格以及计量单位，按招标文件计日工项目计价表中的相应内容填写，并填写相应项目单价。

(10) 工程单价汇总表，按工程单价计算表中的相应内容、价格（费率）填写。

(11) 工程单价费（税）率汇总表，按工程单价计算表中的相应内容、费（税）率填写。

(12) 投标人生产电、风、水、砂石基础单价汇总表，按基础单价分析计算成果的相应内容、价格填写，并附相应基础单价的分析计算书。

(13) 投标人生产混凝土配合比材料费表，按表中工程部位、混凝土强度等级（附抗渗、抗冻等级）、水泥强度等级、级配、水灰比、相应材料用量和单价填写，填写的单价必须与工程单价计算表中采用的相应混凝土材料单价一致。

(14) 招标人供应材料价格汇总表，按招标人供应的材料名称，型号规格、计量单位和供应价填写，并填写经分析计算后的相应材料预算价格，填写的预算价格必须与工程单价计算表中采用的相应材料预算价格一致（若招标人提供）。

(15) 投标人自行采购主要材料预算价格汇总表，按表中的序号、材料名称、型号规格、计量单位和预算价填写，填写的预算价必须与工程单价计算表中采用的相应材料预算价格一致。

(16) 招标人提供施工机械台时（班）费汇总表，按招标人提供的机械名称、型号规格和招标人收取的台时（班）折旧费填写。投标人填写的台时（班）费用合计金额必须与工程单价计算表中相应的施工机械台时（班）费单价一致（若招标人提供）。

(17) 投标人自备施工机械台时（班）费汇总表，按表中的序号、机械名称、型号规格、一类费用和二类费用填写，填写的台时（班）费合计金额必须与工程单价计算表中相应的施工机械台时（班）费单价一致。

(18) 投标人应参照分类分项工程量清单计价表格式编制总价项目分类分项工程分解表，每个总价项目分类分项工程一份。

(19) 投标金额大于或等于投标总标价万分之五的工程项目必须编报工程单价计算表。工程单价计算表，按表中的施工方法、序号、名称型号规格、计量单位、数量、单价、合价填写，填写的人工、材料和机械等基础价格，必须与人工费价汇总表、基础材料单价汇总表、主要材料预算价格汇总表及施工机械台时（班）费汇总表中的单价相一致，填写的施工管理费、企业利润和税金等费必须与工程单价费（税）率汇总表中的费（税）率相一致。

(20) 人工费单价相应的人工费单价计算表汇总表应按人工费单价计算表的内容、价格填写，并附相应的人工费单价计算表。

5. 工程量清单分组计价格式

根据规范《水利水电工程施工合同和招标文件示范文本》(GF—2000—0208) 工程量清单报价表由以下表格组成（后附格式供参考）。

(1) 投标总价。

(2) 工程项目总价表。

(3) 分组工程量清单报价表。

(4) 计日工项目报价表。
(5) 工程单价汇总表。
(6) 工程单价费（税）率汇总表。
(7) 投标人生产电、风、水、砂石基础单价汇总表。
(8) 投标人生产混凝土配合比材料费表。
(9) 招标人供应材料价格汇总表（若招标人提供）。
(10) 投标人自行采购主要材料预算价格汇总表。
(11) 招标人提供施工机械台时（班）费汇总表（若招标人提供）。
(12) 投标人自备施工机械台时（班）费汇总表。
(13) 总价项目分解表。
(14) 工程单价计算表。
(15) 人工费单价汇总表。

# 投 标 总 价

________________________________________（项目名称）____标段

合同编号：______________________________________________

投标总价人民币（大写）：__________________________________ 元

（¥）：__________________________________ 元

# 工程项目总价表

工程名称：
标段：

| 组　号 | 项目分组名称 | 金额/元 | 备　注 |
|---|---|---|---|
| | | | |
| | | | |
| | | | |
| | | | |
| | | | |
| | 合计 | | |

投标总报价＿＿（填入投标总价）＿＿＿＿

投标人：＿＿＿＿＿＿＿＿（盖单位章）

法定代表人或其委托代理人：＿＿＿＿＿＿（签字）

＿＿年＿＿月＿＿日

# 分组工程量清单报价表

工程名称：

组　　号：＿＿＿＿　　分组名称：＿＿＿＿

投标人：＿＿＿＿＿＿＿＿（盖单位章）

法定代表人或其委托代理人：＿＿＿＿＿＿（签字）

＿＿年＿＿月＿＿日

# 计日工项目报价表

工程名称：________（项目名称）____________（标段名称）

| 序号 | 名称 | 型号规格 | 计量单位 | 单价/元 | 备注 |
|---|---|---|---|---|---|
| 1 | 人工 | | | | |
| | | | | | |
| | | | | | |
| | | | | | |
| | | | | | |
| 2 | 材料 | | | | |
| | | | | | |
| | | | | | |
| | | | | | |
| | | | | | |
| | | | | | |
| 3 | 机械 | | | | |
| | | | | | |
| | | | | | |
| | | | | | |
| | | | | | |

投标人：________________________（盖单位章）

法定代表人或其委托代理人：____________（签字）

_____年_____月_____日

# 工程单价汇总表

工程名称：

| 序号 | 项目名称 | 计量单位 | 人工费 | 材料费 | 机械使用费 | 其他直接费 | 间接费 | 利润 | 材料补差 | 未计价材料费 | 税金 | 合计 |
|---|---|---|---|---|---|---|---|---|---|---|---|---|
| | | | | | | | | | | | | |
| | | | | | | | | | | | | |
| | | | | | | | | | | | | |
| | | | | | | | | | | | | |
| | | | | | | | | | | | | |
| | | | | | | | | | | | | |
| | | | | | | | | | | | | |
| | | | | | | | | | | | | |
| | | | | | | | | | | | | |

投标人：____________________（盖单位章）

法定代表人或其委托代理人：____________（签字）

______年______月______日

# 工程单价费（税）率汇总表

工程名称：

| 序号 | 工程类别 | 工程单价费（税）率/% | | | | 备注 |
|---|---|---|---|---|---|---|
| | | 其他直接费 | 间接费 | 利润 | 税金 | |
| | | | | | | |
| | | | | | | |
| | | | | | | |
| | | | | | | |
| | | | | | | |
| | | | | | | |
| | | | | | | |

投标人：____________________（盖单位章）

法定代表人或其委托代理人：____________（签字）

____年____月____日

# 投标人生产电、风、水、砂石基础单价汇总表

工程名称：

| 序号 | 名称 | 型号规格 | 计量单位 | 人工费 | 材料费 | 机械使用费 | | | 合计 | 备注 |
|---|---|---|---|---|---|---|---|---|---|---|
| | | | | | | | | | | |
| | | | | | | | | | | |
| | | | | | | | | | | |
| | | | | | | | | | | |
| | | | | | | | | | | |
| | | | | | | | | | | |
| | | | | | | | | | | |
| | | | | | | | | | | |

投标人：__________________（盖单位章）

法定代表人或其委托代理人：____________（签字）

____年____月____日

# 投标人生产混凝土配合比材料费表

工程名称：

| 序号 | 工程部位 | 混凝土强度等级 | 水泥强度等级 | 级配 | 水灰比 | 预算材料量/(kg/$m^3$) | | | | | | 单价/(元/$m^3$) | 备注 |
|---|---|---|---|---|---|---|---|---|---|---|---|---|---|
| | | | | | | 水泥 | 砂 | 石 | | | | | |
| | | | | | | | | | | | | | |
| | | | | | | | | | | | | | |
| | | | | | | | | | | | | | |
| | | | | | | | | | | | | | |
| | | | | | | | | | | | | | |
| | | | | | | | | | | | | | |
| | | | | | | | | | | | | | |
| | | | | | | | | | | | | | |

投标人：____________________（盖单位章）

法定代表人或其委托代理人：____________（签字）

______年______月______日

# 投标人自行采购主要材料预算价格汇总表

工程名称：

| 序号 | 材料名称 | 规格型号 | 计量单位 | 预算价格/元 | 备注 |
|---|---|---|---|---|---|
| | | | | | |
| | | | | | |
| | | | | | |
| | | | | | |
| | | | | | |
| | | | | | |
| | | | | | |
| | | | | | |
| | | | | | |
| | | | | | |
| | | | | | |
| | | | | | |
| | | | | | |
| | | | | | |
| | | | | | |
| | | | | | |
| | | | | | |

投标人：________________________（盖单位章）

法定代表人或其委托代理人：____________（签字）

_____年_____月_____日

# 投标人自备施工机械台时（班）费汇总表

工程名称：

| 序号 | 机械名称 | 规格型号 | 一类费用 | | | | 二类费用 | | | | | | | 合计 |
|---|---|---|---|---|---|---|---|---|---|---|---|---|---|---|
| | | | 折旧费 | 维修费 | 安拆费 | 小计 | 人工 | 柴油 | 电 | | | | 小计 | |
| | | | | | | | | | | | | | | |
| | | | | | | | | | | | | | | |
| | | | | | | | | | | | | | | |
| | | | | | | | | | | | | | | |
| | | | | | | | | | | | | | | |
| | | | | | | | | | | | | | | |
| | | | | | | | | | | | | | | |

投标人：________________________（盖单位章）

法定代表人或其委托代理人：____________（签字）

_____年_____月_____日

# 工程单价计算表

________工程

单价编号：　　　　　　　　　　定额单位：

| 施工方法： | | | | | | |
|---|---|---|---|---|---|---|
| 序号 | 名称 | 型号规格 | 计量单位 | 数量 | 单价/元 | 合价/元 |
| 1 | 直接费 | | | | | |
| 1.1 | 基本直接费 | | | | | |
| 1.1.1 | 人工费 | | | | | |
| | | | | | | |
| | | | | | | |
| 1.1.2 | 材料费 | | | | | |
| | | | | | | |
| | | | | | | |
| | | | | | | |
| 1.1.3 | 机械使用费 | | | | | |
| | | | | | | |
| 1.2 | 其他直接费 | | | | | |
| | | | | | | |
| 2 | 间接费 | | | | | |
| 3 | 利润 | | | | | |
| 4 | 材料补差 | | | | | |
| 5 | 未计价材料费 | | | | | |
| 6 | 税金 | | | | | |
| | 合计 | | | | | |

投标人：____________________（盖单位章）

法定代表人或其委托代理人：____________（签字）

______年______月______日

# 人工费单价汇总表

工程名称：

| 序号 | 工种 | 单位 | 单价/元 | 备注 |
|---|---|---|---|---|
| | | | | |
| | | | | |
| | | | | |
| | | | | |
| | | | | |
| | | | | |
| | | | | |
| | | | | |
| | | | | |
| | | | | |
| | | | | |
| | | | | |
| | | | | |
| | | | | |
| | | | | |
| | | | | |

投标人：______________________（盖单位章）

法定代表人或其委托代理人：____________（签字）

_____年____月____日

## 9.4 投标辅助资料

(1) 工程单价分析表，见表2.8。

**表2.8** **工程单价分析表**

<table>
<tr><td colspan="2">单价编号</td><td colspan="2"></td><td>项目名称</td><td></td></tr>
<tr><td colspan="2">定额编号</td><td colspan="2"></td><td>定额单位</td><td></td></tr>
<tr><td colspan="2">施工方法</td><td colspan="4"></td></tr>
<tr><td>编号</td><td>名称及规格</td><td>单位</td><td>数量</td><td>单价/元</td><td>合价/元</td></tr>
<tr><td></td><td></td><td></td><td></td><td></td><td></td></tr>
</table>

(2) 主要材料运输费用及价格计算表，见表2.9、表2.10。

**表2.9** **主要材料运输费用计算表**

<table>
<tr><td>编号</td><td>1</td><td>2</td><td>3</td><td>材料名称</td><td colspan="3"></td><td>材料编号</td><td></td></tr>
<tr><td>交货条件</td><td></td><td></td><td></td><td>运输方式</td><td>火车</td><td>汽车</td><td>船运</td><td colspan="2">火车</td></tr>
<tr><td>交货地点</td><td></td><td></td><td></td><td>货物等级</td><td></td><td></td><td></td><td>整车</td><td>零担</td></tr>
<tr><td>交货比例/%</td><td></td><td></td><td></td><td>装载系数</td><td></td><td></td><td></td><td></td><td></td></tr>
<tr><td>编号</td><td colspan="3">运输费用项目</td><td>运输起讫地点</td><td colspan="2">运输距离/km</td><td>计算公式</td><td colspan="2">合计/元</td></tr>
<tr><td rowspan="4">1</td><td colspan="3">铁路运杂费</td><td></td><td colspan="2"></td><td></td><td colspan="2"></td></tr>
<tr><td colspan="3">公路运杂费</td><td></td><td colspan="2"></td><td></td><td colspan="2"></td></tr>
<tr><td colspan="3">水路运杂费</td><td></td><td colspan="2"></td><td></td><td colspan="2"></td></tr>
<tr><td colspan="3">综合运杂费</td><td></td><td colspan="2"></td><td></td><td colspan="2"></td></tr>
<tr><td rowspan="4">2</td><td colspan="3">铁路运杂费</td><td></td><td colspan="2"></td><td></td><td colspan="2"></td></tr>
<tr><td colspan="3">公路运杂费</td><td></td><td colspan="2"></td><td></td><td colspan="2"></td></tr>
<tr><td colspan="3">水路运杂费</td><td></td><td colspan="2"></td><td></td><td colspan="2"></td></tr>
<tr><td colspan="3">综合运杂费</td><td></td><td colspan="2"></td><td></td><td colspan="2"></td></tr>
<tr><td rowspan="4">3</td><td colspan="3">铁路运杂费</td><td></td><td colspan="2"></td><td></td><td colspan="2"></td></tr>
<tr><td colspan="3">公路运杂费</td><td></td><td colspan="2"></td><td></td><td colspan="2"></td></tr>
<tr><td colspan="3">水路运杂费</td><td></td><td colspan="2"></td><td></td><td colspan="2"></td></tr>
<tr><td colspan="3">综合运杂费</td><td></td><td colspan="2"></td><td></td><td colspan="2"></td></tr>
<tr><td colspan="7">每吨运杂费</td><td colspan="3"></td></tr>
</table>

**表2.10** **主要材料价格计算表**

<table>
<tr><td rowspan="2">编号</td><td rowspan="2">名称及规格</td><td rowspan="2">单位</td><td colspan="5">价格/（元/t）</td><td rowspan="2">预算价格</td></tr>
<tr><td>原价</td><td>运杂费</td><td>运至工地分仓库价格</td><td>采购及保管费</td><td>保险费</td></tr>
<tr><td></td><td></td><td></td><td></td><td></td><td></td><td></td><td></td><td></td></tr>
</table>

## 9.5 施工技术文件和其他投标资料

(1) 工程概况。主要阐明工程所在位置、工程规模、投标范围以及主要工程数量等。

（2）施工场地总体规划与布置。主要阐明工程施工总平面布置的原则（包括生活区、生产区、预制区的布置原则）、材料供应的方式、临时设施的布置（包括生活区的布置、预制场地的布置、混凝土的供应系统、水电供应系统、加工车间的布置、材料堆场的布置、临时码头的布置、临时测量平台、临时道路的布置及防风锚地的选择），并根据现场布置情况分别绘制施工总平面布置图、生活区平面布置图、预制区平面布置图、临时码头结构图。

（3）施工组织机构。

（4）施工方案。

（5）施工进度计划。主要包括横道图进度计划、网络图计划、船机使用计划、人员使用计划、材料使用计划、水电使用计划等。

（6）工程质量保证措施。根据《质量管理体系 GB/T 19001—2016 应用指南》（GB/T 19002—2018/ISO/TS 9002：2016）标准及本单位质量保证体系文件针对本工程的具体情况进行编制，其主要内容包括：政策声明、本工程质量目标、质量保证体系、组织结构、生产过程质量控制、质量记录和保存。

（7）安全施工保证措施。根据国家、地方及本单位的有关规定进行编制，主要包括：安全生产的原则和目标、安全生产管理组织机构、网络和安全生产责任、安全工作程序、奖励及处罚、员工安全教育与培训、事故和损害报告、调查及分析、安全检查及制度、施工现场强制性安全要求、医疗服务和应急响应、应急计划和措施。

（8）文明工地建设措施。根据有关规定，阐明施工过程中的有关规则。主要内容应包括：安全防卫措施、工地出入管理制度、环境卫生制度、安全与防火措施、周围及毗邻环境保护的附加规则等。

（9）环境保护措施。工程开工前，编制详细的施工区和生活区的环境保护措施计划，根据具体施工计划制定出与工程同步的防止施工环境污染的措施，认真做好施工区和生活区营地的环境保护工作，防止施工造成施工区附近地区的环境污染和破坏。